"新增百万亩国土绿化行动"技术指导丛书

主要速生与珍贵树种生态栽培技术

浙江省林业局 　组编

浙江科学技术出版社

图书在版编目（CIP）数据

主要速生与珍贵树种生态栽培技术/浙江省林业局组编.—杭州：浙江科学技术出版社，2021.12
（"新增百万亩国土绿化行动"技术指导丛书）
ISBN 978-7-5341-9922-6

Ⅰ.主… Ⅱ.①浙… Ⅲ.①速生树种－栽培技术②珍贵树种－栽培技术 Ⅳ.①S79

中国版本图书馆CIP数据核字（2021）第239975号

丛 书 名	"新增百万亩国土绿化行动"技术指导丛书
书 　　名	主要速生与珍贵树种生态栽培技术
组 　　编	浙江省林业局

出版发行	浙江科学技术出版社
	杭州市体育场路347号　邮政编码：310006
	编辑部电话：0571-85152719
	销售部电话：0571-85062597
	网址：www.zkpress.com
	E-mail：zkpress@zkpress.com
排　　版	杭州万方图书有限公司
印　　刷	浙江海虹彩色印务有限公司
经　　销	全国各地新华书店

开　本	880×1230　1/32	印　张	5
字　数	96 000		
版　次	2021年12月第1版	印　次	2021年12月第1次印刷
书　号	ISBN 978-7-5341-9922-6	定　价	30.00元

版权所有　翻印必究

（图书出现倒装、缺页等印装质量问题，本社销售部负责调换）

策划组稿	詹　喜	责任编辑	詹　喜
责任校对	李亚学	责任美编	金　晖
责任印务	叶文炀		

《主要速生与珍贵树种生态栽培技术》编写人员

主　　编	吴　鸿
副 主 编	何志华　沈爱华　周子贵　王宗星　冯博杰
编　　撰	（按姓氏笔画排序）

　　　　　　王　斌　王坚娅　王国明　石从广　卢泳全
　　　　　　刘　军　江丽娟　孙海菁　李因刚　李贺鹏
　　　　　　李婷婷　杨少宗　何　祯　何云芳　何贵平
　　　　　　汪舍平　张　骏　张毓婷　林二培　金国庆
　　　　　　周志春　胡绍庆　柳丽娜　袁位高　徐　梁
　　　　　　徐翠霞　高燕会　曹联飞　韩　潇　童再康
　　　　　　楚秀丽　楼雄珍

组　　编　浙江省林业局

序

  习近平总书记多次强调"山水林田湖草是生命共同体""森林关系国家生态安全"。浙江省作为"绿水青山就是金山银山"理念的发源地和率先实践地，增加森林面积，提高森林质量，是贯彻落实习近平生态文明思想，推动生态文明建设继续走在前列的重大举措，是实施"八八战略"，发挥生态优势，推进浙江省大花园和美丽浙江建设的重要内容，也是改善生态环境、增进民生福祉的重大工程，同时也是推进长三角一体化，共筑长三角绿色生态屏障的重要行动。

  2020年，浙江省人民政府办公厅印发了《浙江省新增百万亩国土绿化行动方案（2020—2024年）》，提出按照山水林田湖草系统治理的思路，大力建设山地、坡地、城市、乡村、通道、沿海"六大森林"，到2024年年底力争完成新增造林180万亩以上，基本建立布局合理、覆盖城乡、功能强大的森林生态体系。根据中共浙江省委、省人民政府的部署要求，全省各地迅速行动，按照"挖潜力、调结构、促增收"的思路，深入挖掘绿化空间，充分遵循农民意愿，在立地相对较好、连片集中的地块，积极调整种植结构，着力提高绿化综合效益。

  为加强"新增百万亩国土绿化行动"的科技支撑，进一步加快林业先进实用技术在国土绿化中的普及和推广应用,浙江省林业局组织省内有关专家编写了这套"'新增百万亩国土绿化行动'技术指导丛书"。本套丛书详细介绍了全省主要速生和珍贵经济树种的特性、栽培技术,并附有典型案例,能有效指导全省各地根据立地条件有针对性地选择适宜树种并开展绿化造林。

  本套丛书采用"全彩+图解+视频"的方式编写,技术先进、内容丰富、文字简练、通俗易懂,是兼具专业性、实用性、科普性的优秀图书。本套丛书的出版不仅是当前浙江省"新增百万亩国土绿化行动"的迫切需要,也是从事林业生产特别是专业合作组织、龙头企业、科技示范户以及责任林技人员的科普读本、致富读本,可为读者提供示范与借鉴。希望浙江省各级林业主管部门能切实运用并宣传好这套图书,真正发挥其价值,为浙江省大花园建设和美丽浙江建设做出积极的贡献。

浙江省林业局党组书记、局长 胡侠

2020年10月

前言

2020年,浙江省人民政府办公厅印发了《浙江省新增百万亩国土绿化行动方案(2020—2024年)》。"新增百万亩国土绿化行动"是中共浙江省委、省人民政府在习近平新时代中国特色社会主义思想指引下,积极践行"绿水青山就是金山银山"的理念,持续推进国土绿化美化,推动浙江省生态文明建设继续走在全国前列的重大决策部署。加快推进"新增百万亩国土绿化行动",对于促进浙江省加快构建严格保护森林资源治理体系,提升森林生态系统质量和稳定性,保障国土生态安全,不断满足人民群众对森林日益增长的多元需求,支撑浙江省大花园和美丽浙江建设等方面,都具有重大战略意义。

浙江省地处亚热带季风气候区,森林生态演替的顶级群落是常绿阔叶林和针阔混交林,加快培育珍贵树种,加速森林正向演替,是遵循自然科学规律、精准提升森林质量的内在要求。同时大力发展材质优、价值高、前景好的珍贵乡土树种,不仅绿化、美化生态环境,而且为子孙后代留下更好更多的宝贵财富。近年来,浙江省紧紧围绕"美丽大花园建设",扎实开展"新植1亿株珍贵树""一村万树"等行动。据不完全统计,自2009年以来,连续13年开展赠苗植树活动,累计向全社会赠送浙江楠、红豆树、金钱松、枫香、黄山栾等珍贵树容器苗30余种6500余万株,在全省营造了良好的珍贵树种植氛围。因此,为贯彻落实中共浙江省委、省人民政府"新增百万亩国土绿化行动"重大决策部署,加强"新增百万亩国土绿化行动"的科技支撑,加大珍贵和速生树种的推广力度,浙江省林业局组织省内科研院校的权威专家编写了《主要速生与珍贵树种生态栽培技术》一书。

本书作为"'新增百万亩国土绿化行动'技术指导丛书"之分册,按照针叶、常绿阔叶、落叶阔叶分类,介绍了浙江省精选的42种珍贵和速生树种生态栽培技术,主要内容包括树种特性与应用价值、品种选择、立地选择、栽培模式、种苗规格、种植技术、抚育管理等,并配有典型案例照片,具有较强的实用性和指导性。

由于编者水平有限,书中存在疏漏和不足之处在所难免,恳请广大读者批评指正,以便今后修订、完善。

编者

2021年8月

目录

第一编　针叶树种	/1
一、榧树	/2
二、南方红豆杉	/5
三、江南油杉	/8
四、柏木	/11
五、木麻黄	/15
六、金钱松	/18
第二编　常绿阔叶树种	/21
一、花榈木	/22
二、浙江楠	/25
三、桢楠	/28
四、紫楠	/31
五、闽楠	/34
六、刨花楠	/38
七、浙江樟	/41
八、普陀樟	/44

九、乳源木莲 /47

十、舟山新木姜子 /50

十一、赤皮青冈 /53

十二、红豆树 /57

十三、桂花 /61

十四、竹柏 /64

十五、红锥 /68

十六、槠栲类树种 /71

十七、木荷 /74

十八、细柄蕈树 /78

第三编　落叶阔叶树种 /82

一、檫木 /83

二、榉树 /86

三、毛红椿 /89

四、香椿 /93

五、光皮桦 /97

六、杂交鹅掌楸 /100

七、枫香树 /103

八、黄山栾 /106

九、乌桕 /110

十、银杏 /114

十一、黄檀 /118

十二、樱花 /121

十三、栎树 /125

十四、伯乐树 /128

十五、蓝果树 /131

十六、薄壳山核桃 /134

十七、浙江柿 /137

十八、南酸枣 /140

十九、小果冬青 /143

附表
浙江省省级林业保障性苗圃建设情况表

/146

第一编

针叶树种

一、榧树

1 树种特性与应用价值

榧树（*Torreya grandis* Fort. et Lindl）是红豆杉科（Taxaceae）榧树属（*Torreya*）常绿大乔木，雌雄异株，稀雌雄同株，树高可达25米，胸径可达1米以上。现存天然资源稀少，被列为国家二级保护树种，分布于浙江、安徽、江西、福建、江苏、湖南、贵州等地，且以浙江天目山区和会稽山区保存最为集中。其种实具有助消化、防治疾病与保健功能，果用农家品种香榧具有千年栽培历史，现多以优良树种在南方地区推广栽培。榧树材质坚韧致密，纹理美观，优美的树姿、叶色以及"两代果"的奇特果实景观，使之成为优良的观赏、材用树种。

榧 树

2 栽培技术要点

品种选择 香榧在浙江已审定、推广一批果用品种，不同品种的果实形态、品质与产量具有明显差别。榧树在生长量、观赏特性上具有明显的遗传差异，而作为材用树种与观赏树种至今尚无良种。

立地选择 榧树适宜生长在温暖湿润区域，幼年期喜阴，成年树喜光。一般适合生长在直射光较少、散射光偏多的山腰谷地，人工栽培多以海拔500米为中心，上下扩展200～300米；喜偏酸性土壤，要求土质疏松、肥沃，土层超过60厘米的立地条件，忌碱性土壤。

栽培模式 作为珍贵用材林栽培，宜采用混交造林模式。可株间、行间混交，大块状混交，或自然式混交造林，主要混交树种有浙江楠、闽楠、赤皮青冈、光皮桦、杂交马褂木、黄檀等常绿或落叶珍贵树种。初植密度111～167株/亩，其中榧树80～90株/亩；作为生态公益林、杉木大径材以及毛竹林等林分改造补植或套种树种，多选择优良微立地自然式混栽20～30株/亩；作为观赏树种栽培，可用于庭院、公园、小区孤植或小片状种植，且与果用栽培结合用于农村绿化美化。

种苗规格 山地造林采用2～3年生容器苗，造林成活率高，不需遮阴。城镇绿化用苗宜选用5年生以上容器大苗或米径5厘米以上规格土球大苗。

种植技术 山地造林一般挖规格为50厘米×50厘米×40厘米的种植穴，施基肥（复合肥0.1～0.2千克/穴），容器苗春、秋、冬三季均可造林，栽植时应深栽减阴，根肥分离，成活率可达95%，且年生长量可达15厘米以上；作为绿化观赏树种栽培，挖穴大小依苗木规格而定，施足基肥，移栽时适当修剪以减少水分蒸发。

抚育管理 材用榧树林需每年割灌除草2次，加施复合肥0.1～0.2千克/株，也可于9—10月结合施肥深挖20厘米，连续抚育3年。当林分郁闭度达0.8～0.9、自然整枝约占树冠1/3时开始间伐，移除或伐除生长差的植株，尤其是混交树种中生长差的植株，保留60株/亩左右以培育大径材。观赏果用城镇绿化栽培林（株），除按果树施肥管理外，需注意开沟排水与干旱灌水，对于高植株要及时去除接口萌芽。

台州市仙居县上张乡榧树基地

二、南方红豆杉

1 树种特性与应用价值

南方红豆杉[*Taxus wallichiana* var. *mairei*(Lemée H. Léveillé.) L. K. Fu et Nan Li]为红豆杉科(Taxaceae)红豆杉属(*Taxus* L.)喜马拉雅红豆杉(*T. wallichiana* Zucc.)的变种，又名赤柏松、紫杉、紫柏松、红榧，常绿大乔木，为国家一级保护野生植物。自然分布于亚热带各省区，其中福建、江西、湖南和贵州等地野生资源最多，多以风水林、寺庙林和古树群等形式存在。天然林生长慢，但人工栽培生长速度中等，其材质坚硬，刀斧难入，有“千枞万杉，当不得红榧一枝丫”的美誉，是装饰、高级家具、高档地板、工艺雕刻、工艺美术等高档用材。南方红豆杉还是优良的景观绿化树种，其枝

南方红豆杉

叶和树皮含有紫杉醇，有重要的药用开发价值。

② 栽培技术要点

品种选择 种源、家系间存在丰富变异，可选浙江南部和福建北部的优良种源及优良种源内优良个体采种育种。

立地选择 典型阴性树种。宜选择长坡中下部、山脚、沟边和山谷等土层深厚疏松、腐殖质丰富、排水良好的微酸性或中性土壤，坡向为东坡、北坡、东北坡、西北坡或地形隐蔽的阳坡，不耐水渍，苗木和幼树喜阴、忌晒。也可选择适宜的较高海拔地（500～800米）来发展南方红豆杉珍贵用材林。条件较差的Ⅲ类立地不宜栽种南方红豆杉。城镇、庭院绿化等都要选择偏阴的环境种植。

栽培模式 较少采用纯林的栽培模式，但在高山区，可在半日照的阴坡或东向的山垄旱地以及较高海拔的山地营建小块纯林。其主要培育模式为在侧方和上方有庇荫、较好立地条件的林冠下造林，宜选择在郁闭度为0.5左右的杉木、马尾松和次生阔叶林等林冠下套种。不宜迹地造林。

种苗规格 应选用苗高80厘米以上的2～3年生大规格容器苗造林。

种植技术 南方红豆杉造林地需精细准备，带状或穴状整地，最好要选择2～3月稍稍出芽的苗木于阴雨天进行种植。种植穴规格为50厘米×50厘米×40厘米，施足有机肥或生物肥作为基肥（每穴1～2千克）。纯林造林应适当密植，初植株行距可设计为2.5米×2.5米，以促进幼林及时郁闭和树高生长。在松杉和次生阔叶林下造林，初植密度可设计为3.0米×3.0米。

抚育管理　造林后第1～3年，每年于5月和8月各抚育1次。5月以除草为主，8月除草结合扩穴或扩带培土，但注意在扩带时不得锄伤幼树根系。培土要保证幼树直立，培土高度为6～8厘米。造林后第4～5年，每年7—8月全面锄草，结合培土1次，培土高度8～10厘米。造林第2年开始，每年可结合幼林抚育和扩穴，每株追肥复合肥（N、P、K）30～50克。此外，需及时修除基部萌条和强势的竞争侧枝，并适当修枝，以利于顶端优势生长和干材培育。

福建省三明市明溪县沙溪乡南方红豆杉基地

三、江南油杉

1 树种特性与应用价值

江南油杉（*Keteleeria cyclolepis* Flous.）为松科（Pinaceae）油杉属（*Keteleeria*）常绿针叶大乔木，高达40米，胸径可超过2米。系我国特有树种，天然分布于云南东南部、贵州、广西西北部及东部、广东北部、湖南南部、江西西南部海拔1400米以下山地，浙江多见于浙南和浙西南地区。木材材质偏软，易加工，切面光滑，材色淡雅，纹理秀丽，是实木家具、建筑以及室内装修的优质用材。其树姿雄伟，枝叶繁茂，冠形优美，球果硕大，具有较高的观赏价值，寿命长，非常适用于城镇园林绿化，是优良的用材和绿化观赏树种。

江南油杉

2 栽培技术要点

品种选择 江南油杉自然分布区大,栽培适应性较广,但至今未见开展遗传改良,生产上缺少良种。在营建山地用材林与绿化种苗时,可选择生长优势突出的单株采种育苗。

立地选择 江南油杉喜在湿润气候环境和土壤肥沃、深厚、湿润的山地生长,多生长在海拔600米以下的山坡中下部及沟谷旁。山地造林宜选择海拔1000米以下中、下坡,沟谷两侧或河边台地等相对肥沃的立地,不宜选择在贫瘠或风口的立地环境栽培。作为园林绿化栽培,宜选择土层深厚、排水良好的中性或微酸性土壤。

栽培模式 作为用材林栽培,宜选用混交造林模式,初植密度167株/亩左右。可使用块状、行间、株间或带状混交方式,混交比例1:1。混交树种有杉木、马尾松等用材树种以及光皮桦、黄檀、杂交马褂木等珍贵落叶阔叶树种。

种苗规格 山地造林宜选择2年生容器苗,要求苗高60厘米、地径0.8厘米以上;作为城镇园林绿化用苗,宜选用5～6年生以上容器大苗,或米径5厘米以上的规格土球大苗。

种植技术 山地造林应清理杂灌,11月前块状或穴状整地。挖种植穴,规格为60厘米×60厘米×40厘米,施基肥或复合肥0.2～0.25千克/穴。当年11月至次年3月,在雨后林地土壤湿润时栽植,容器苗可适当延后,成活率可达95%,且当年高生长量可达20厘米以上;适当深栽,扶正苗木,不弯根、侧根舒展,踩实,栽植后回土。作为绿化树种栽培,挖穴大小依苗木规格而定,施足基肥,注意水分管理。

抚育管理 造林后3～5年内,每年抚育1～2次,割灌除草,适当保留幼树周边灌木作为侧方遮阴,同时施复合肥或复合肥＋尿素(1∶1)0.1～0.2千克/株。当林分郁闭度达0.9,或自然整枝约占树冠1/3时开始间伐,先伐除混交树种和生长不良的植株,保留江南油杉与珍贵树种60～70株/亩以培育大径材。四旁绿化栽培应加强水肥管理,注意修枝,形成优美树冠。

台州市仙居县白塔镇江南油杉基地

四、柏木

1 树种特性与应用价值

柏木（*Cupressus funebris* Endl.）为柏科（Cupressaceae）柏木属（*Cupressus* Linn.）常绿高大乔木。主要分布于浙江、福建、江西、湖南、湖北西部、四川北部及西部大相岭以东、贵州东部及中部，两广北部、云南东南部及中部、陕西南部、甘肃南部等地，浙江省柏木的分布趋势呈现与石灰岩性土分布的一致性。柏木材质优良，不仅可用于多种木材制品外，还可提制精油等丰富的化学产品。其综合利用价值高，生长快，适应性强，具有良好的水土保持、水源涵养、景观优美的生态功能，为浙江省传

柏 木

统的珍贵用材造林树种，在我国林业发展中占有十分显要的地位。

② 栽培技术要点

品种选择 柏木虽然适应性较强，但其良种效应极其显著。宜选用1.5代或1代无性系种子园良种苗木，或优良无性系扦插容器苗造林。

立地选择 柏木对造林地土壤的适应性较广，耐干旱瘠薄的能力较强，但在土层深厚、肥沃、湿润的地方生长较快，干形较通直，成材较早。因此，营建速生丰产林时宜选择海拔800米以下的低山、丘陵坡地的中下部和坡麓，由石灰岩、紫色砂岩和页岩等母质发育的土壤，pH5.5～8.0，土层厚度60厘米以上的立地。强酸性、质地黏重的黄壤不宜造林。

栽培模式 纯林、混交、混农、景观和四旁造林等多种栽培模式。柏木为喜光树种，适宜块状纯林的栽种模式，初植密度为296株/亩。柏木可采用与当地适生针阔叶树种带状或小块状等混交造林；带状混交时，以3行柏木、1行其他伴生树种为宜；小块状混交没有特别要求。柏木林下经济主要有如下几种模式：①新造林地中平缓坡地，造林当年套种西瓜；②幼林未郁闭前套种黄豆等豆科作物；③林下套种中药材；④林下养鸡。公园和行道景观绿化，以及四旁造林也是柏木常见的造林模式。

种苗规格 营建速生丰产林时宜选择1年生优质容器苗造林;作为城乡园林绿化用苗,宜选用4~5年生以上容器大苗,或米径超过5厘米规格的土球大苗。

种植技术 山地造林需劈除和清理林地杂灌和杂草。块状或带状整地:块状整地范围为100厘米×100厘米;带状整地的带宽100厘米,翻挖表土深20~25厘米。种植穴规格为40厘米×40厘米×30厘米。造林春季一般在2月下旬至3月中旬,秋季可选择10—12月,宜在雨后阴天时栽植。栽植前每穴均匀施入钙镁磷肥0.20~0.25千克或氮磷钾复合肥0.05—0.06千克或有机肥0.25千克作基肥,并回填表土。栽植的培土高度以高于容器苗原基质表面3厘米左右。作为绿化观赏树种栽培,挖穴大小依苗木规格而定,施足基肥。

抚育管理 造林后1~4年,每年于夏季5—6月和秋季9—10月各抚育1次。第5年后,每年于7—9月全面劈草1次,直至林分郁闭。造林后第2年的5—6月,结合抚育进行1次修剪,剪除基部萌条、主干分枝和上部竞争枝芽,促进主干通直生长。在造林后第2年和第3年的5—6月结合幼林抚育,每株沟施或穴施0.05~0.10千克复合肥。中龄林施肥可在间伐后实施,每株沟施或穴施0.20~0.50千克复合肥。10~12年生时进行第1次间伐,伐除生长不正常的被压木及影响柏木生长的伴生树种等,间伐的株数强度30%~50%,保留1725~3000株/公顷;18~20年生时进行第2次间伐,间伐的株数强度30%~50%,最终保留密度为1200~1500株/公顷。

杭州市淳安县姥山林场柏木基地

五、木麻黄

1 树种特性与应用价值

木麻黄（*Casuarina equisetifolia* Forst.）为木麻黄科（Casuarinaceae）木麻黄属（*Casuarina*）常绿大乔木。原产澳大利亚和太平洋岛屿，我国广西、广东、海南、福建、台湾等地普遍栽植。浙江20世纪70年代开始在温州地区引种，后逐渐向北引种驯化，现台州、舟山、宁波和绍兴等沿海地区也开始大量引种。因耐盐碱、抗风、耐瘠薄、生长较快等特性，木麻

木麻黄

黄已成为我国东南沿海地区主要的沿海防护林树种。其木材坚重,经过处理后可作为渔船底板,经久耐用。此外,还可用作纸浆、薪炭材等原料。树皮富含单宁,为栲胶工业原料。

❷ 栽培技术要点

品种选择 其耐寒性不强,特别是在浙江中北部沿海地区造林时,需要选择耐寒品种,如'亚林41''亚林50'。

立地选择 以在沿海盐碱滩涂地上种植为主,也可在沿海山地上种植。

栽培模式 营造沿海防护林时以纯林为主,也可与其他树种营造混交林,有块状混交、多行混交等造林模式。混交树种有弗栎、蜡杨梅、海滨木槿等耐盐树种。初植密度133~167株/亩[株行距为2米×(2~2.5)米]。

种苗规格 可采用1~2年生苗造林,以容器苗为主,可实生苗也可扦插后移植的容器苗,苗高60~150厘米,基径0.6厘米以上。如工程造林也可采用3~4生带土球大苗。

种植技术 沿海滩涂地造林一般要先开深沟排水,再在台床地上挖种植穴,规格为40厘米×40厘米×30厘米,以春季(2—4月)造林为主。

抚育管理 防护林、用材林抚育需每年除草2次(5—6月、9月),连续抚育3年。夏季除草可将草覆盖在林地上,可防夏天高温林地返盐。10~12年时可适度间伐(25%左右),间伐掉生长不良、被压木或不耐寒木等。20~25年可采伐。

绍兴市上虞区海发公司木麻黄基地

六、金钱松

1 树种特性与应用价值

金钱松［*Pseudolarix amabilis*（Nelson）Rehd.］属松科（Pinaceae）金钱松属（*Pseudolarix*）落叶大乔木，树干通直，为著名的古老残遗植物，系国家二级珍稀保护树种。分布于江苏南部、浙江、安徽南部、福建北部、江西、湖南以及湖北与重庆交界地带，浙江西天目山保存高达58米的植株。其树姿优美，冠形端整，短枝叶片辐射平展，秋后变金黄色，树叶圆如铜钱，美艳异常。其与雪松、日本金松、南洋杉及巨杉合称世界五大庭园观赏树种。在园林中常作为行道树、景观树栽培应用，也是盆景制作之良材。木材黄褐色，纹理通直，硬度适中，耐水湿，为建筑、家具的优良用材。

金钱松

2 栽培技术要点

品种选择 金钱松自然分布较广,栽培适应性较强,但在种源间及种源内单株间相对一致性较高。已在浙江安吉林峰寺林场建立国家金钱松良种繁育基地,绿化造林可选用种子园种子。

立地选择 金钱松适应性强,可选择海拔1000米以下山地与平原绿化造林,坡度25度以下的坡面均可栽植,但以中下部、山谷、山洼的土层深厚肥沃地带最优。不适于盐碱地、石灰性土壤和低洼积水地栽培。

栽培模式 作为珍贵用材林栽培,应选用混交造林模式以减少中高海拔地区的雪压危害,初植密度75株/亩左右。采用行间或株间混交,混交比例按1∶1。混交树种有杉木、杂交松等速生树种,也可配置江南油杉、浙江楠、闽楠、赤皮青冈等常绿珍贵树种。平原绿化与园林栽培可以成行或多行种植,也可庭园孤植、丛植。

种苗规格 营建珍贵用材林宜选用2年生容器苗,要求苗高50厘米、地径0.6厘米以上;作为城镇园林绿化用苗,宜选用5~6年生以上容器大苗或米径5厘米以上的规格土球大苗。

种植技术 山地造林需清理杂灌,带状或块状整地,挖种植穴,规格为40厘米×40厘米×30厘米,并施基肥(复合肥0.1~0.2千克/穴)。春季发叶前、秋冬落叶后均可采用容器苗造林,且当年高生长量可达20厘米以上;以裸根苗造林,起苗和造林宜在阴雨天进行,应做到随起苗,随分级、修剪、浆根、包装，随运，随栽；作为绿化观赏树种栽培，挖穴大小依苗木规格而定，施足基肥，落叶期移栽成活率高，带叶移栽需摘除50%的小枝、叶片以减少水分蒸发，并加强光照与水分管理。

 用材林抚育需在每年4—5月和10—11月割灌除草各1次，加施复合肥0.1～0.2千克/株，连续抚育3年。当林分郁闭度达0.9以后，或自然整枝约占树冠1/3时开始间伐。首先伐除松杉等速生混交树种植株和生长不良的金钱松植株，保留珍贵树种60～70株/亩以培育大径材。四旁绿化栽培应适当修枝以形成优美树冠，并加强肥水管理。

典型案例

湖州市安吉县山川乡九亩村金钱松基地

第二编

常绿阔叶树种

一、花榈木

1 树种特性与应用价值

花榈木（*Ormosia henryi* Prain）属蝶形花科（Fabaceae）红豆属（*Ormosia*）常绿乔木，是我国特有树种、国家二级重点保护野生植物。分布于我国长江以南的安徽、浙江、福建、江西、湖北、湖南、广东、四川、贵州、云南等地。它是世界著名的珍贵用材树种和优良的绿化树种，木材心材干后呈深褐色，有光泽，纹理美观，树形优美、叶色浓绿苍翠，被广泛应用于制作高品质家具、雕刻艺术品及高级装饰品等，著名的龙泉宝剑的剑柄就是用花榈木的心材加工而成。它还具有较高的药用价值，其根、茎、皮、叶等各树体各器官均可入药，可用于治疗风湿关节炎、跌打损伤，也具有通络、祛风湿、消肿痛等功能等。

花榈木

2 栽培技术要点

品种选择　当植物壳斗成熟时，在20~40年生的健壮母树上，采收籽粒大、种仁饱满、种壳光亮、无病虫害的坚果留作种子。

立地选择　适应性较强，海拔600米以下阳坡、半阳坡均可造林，在酸性、中性土壤均能正常生长，土层深厚、肥沃、水分充足的地段为佳，忌土壤干燥。对光照的要求不高，全光照或阴暗均能生长，明亮的散射光生长较好。

栽培模式　花榈木可营造纯林，也可混交造林。适宜与枫香、木荷、马尾松等混交造林。初植密度100株/亩。

种苗规格　最好选用2年生实生苗或容器苗，苗高40厘米以上，地径0.20厘米以上，顶芽完好、根系发达、无病害。

种植技术　山地造林需清理杂灌，带状或大块状整地，种植穴规格以50厘米×50厘米×40厘米为宜，施基肥（每穴施复合肥50克或农家肥4~5千克），11月初至次年3月底前为造林时节，春季造林最佳，适宜小雨或雨后栽植。栽植前剪去多余的枝条和多头的枝条，摘除60%以上叶片，剪去过长的根，正根留10厘米。栽苗时先填入表土使根舒展，扶正打紧，浇透定根水，再盖上一层松土。作为绿化树种栽培，挖穴大小依苗木规格而定，施足基肥，移栽时摘除60%的叶片以减少水分蒸发。

抚育管理　造林后需抚育管理，每年2次，松土除草并施肥,割下的杂草、灌木覆盖在苗木基部保墒,连续抚育3年,第2年抚育时进行修剪枝条,培育干形。由于幼树较耐阴,大树喜光,所以幼林可以适当进行荫蔽以利其生长,而成林时,对密度较大的区域进行适度间伐,增强其透光度。因生长势旺盛的幼苗木质不坚硬,且叶片大、苗大容易倾倒,可用竹竿绑缚支撑。花榈木苗病虫害较少,主要是在高温高湿的条件下易发生角斑病,可用50%多菌灵可湿性粉剂0.167%溶液或70%甲基托布津可湿性粉剂0.125%溶液防治。对食叶害虫,用50%甲胺磷乳油0.067%～0.083%的溶液防治。

台州市仙居县福应街道花榈木基地

二、浙江楠

1 树种特性与应用价值

浙江楠（*Phoebe chekiangensis* C.B. Shang）属樟科（Lauraceae）楠属（*Phoebe*）常绿高大乔木，系国家二级保护的珍稀渐危树种。天然分布于浙江、安徽南部、江西东部和福建北部海拔800米以下山地，是商品木材金丝楠木的原植物之一。其木材纹理清晰，坚韧致密，刨面淡黄光滑、光泽亮丽、清香淡雅，是实木家具、雕刻的上等用材，被列为南方重要的珍贵树种，且树形优美，鲜叶亮丽，枝叶繁茂多姿，宜作庭荫树、行道树或风景树，是具有珍贵彩色健康特性的绿化观赏树种，属浙江乡土珍贵树种。

浙江楠

2 栽培技术要点

品种选择 浙江楠具有较强的适应性,品种多。浙江北部种源叶片深绿,树冠整齐,耐寒性好,适于城镇、道路绿化,而浙江西南部、安徽、江西东北部种源高生长明显,更适于珍贵用材林培育用种。营建高质量的珍贵用材林需选择浙江楠优良家系良种。

立地选择 山地造林宜选择海拔600米以下,中、下坡土壤深厚的背风面立地环境,不宜选择贫瘠或风口的立地环境栽培。作为园林绿化栽培,切忌选择地下水位高(或积水)的地段栽培。

栽培模式 山地造林可采用纯林、大块状混交、多行混交等造林模式,适合山地丘陵混交造林和林下补植,初植密度1300株/公顷(86株/亩)左右;采用林苗一体化栽培模式,初植密度3333株/公顷。林下补植的,一般栽植450株/公顷(30株/亩)左右。适宜与杉木、光皮桦、枫香、木荷等树种混交种植。

种苗规格 山地营建浙江楠珍贵用材林需选择1~2年及5年生以下容器苗,要求苗高超过60厘米、地径1.5厘米以上的规格土球优质苗,一般地径不超过5厘米;作为城镇园林绿化用苗,宜选用4~5年生以上容器大苗,或采用米径5~10厘米的绿化地栽规格土球大苗(树)移栽。

种植技术 山地造林,一般挖种植穴,规格为50厘米×50厘米×40厘米,施基肥(复合肥0.1~0.2千克/穴),2—4月、11—12月造林为宜,用容器苗造林视天气情况可推迟些,成活率可达95%,且当年高生长量可达20厘米以上;作为绿化观赏树种栽培,挖穴大小依苗木规格而定,施足基肥,移栽时去除30%~40%的小枝叶以减少水分蒸发。

抚育管理 用材林抚育需每年割灌除草2次,加施复合肥0.1~0.2千克/株,连续抚育3年,株高可达2.5~3.0米、地径5厘米以上。注意病虫害防治。当林分郁闭度达0.8~0.9、自然整枝约占树冠1/3时开始间伐,首先伐除混交树种,保留浙江楠600株/公顷以培育高值大径材。园林绿化种植抚育管理时,修枝要注意保留树冠技叶以防树干日灼,并加强水肥管理。

浙江省庆元县实验林场浙江楠人工林

三、桢楠

1 树种特性与应用价值

桢楠（*Phoebe zhennan* S. Lee et F.N. Wei）属樟科（Lauraceae）楠属（*Phoebe*）常绿高大乔木，系国家二级保护的珍稀渐危树种。我国独有，天然分布于四川、重庆、湖北西部、贵州西北部等山谷、山洼、阴坡中下部及河边台地。桢楠树姿优美，材质优良、用途广泛，在楠木属中经济价值最高，是金丝楠木最主要的原植物种，是优良的绿化观赏树种。其树干通直，纹理清晰，坚韧致密，花纹美观，木味香馥，耐腐蚀，叶片挥发性成分富含倍半萜类物质，对人类具有重要保健作用。

桢 楠

2 栽培技术要点

品种选择 大叶型桢楠生长快，具有更好的耐寒性与抗旱性，适于浙江中部以南地区山地造林与绿化观赏种植；小叶型桢楠树形挺拔、优美，但耐寒性较差，一般适于最低温高于

第二编　常绿阔叶树种

-2℃的区域栽培,宜用于温州市沿海县(市、区)500米海拔区域造林及城市绿化应用。桢楠在种源与家系间存在丰富变异,营建高质量桢楠林需选择优良家系良种。

立地选择　喜湿耐阴,适生于气候温暖湿润,土壤肥沃的地方。山地造林宜选择低山丘陵土层深厚、肥沃湿润的山坡、山谷两侧及冲积地等。不宜选择贫瘠或风口的立地环境栽培。作为园林绿化栽培,选择土壤深厚、肥力较好的地段,切忌选择地下水位高(或积水)地段栽培。

栽培模式　迹地更新造林宜选择行间或株间混交,或大块状混交造林模式,初植密度167～200株/亩,其中种植桢楠80～90株/亩,其余为杉木、杂交松、银杏、光皮桦、杂交马褂木、榉树等混交树种。低陵缓坡(一般坡度不超过5度)可采用林苗一体化栽培模式,初植密度333株/亩,6年后开始作为绿化苗移出,每亩保留50～60株培育大径材;杉木林疏伐后,竹林改造或生态林下补植一般栽植30株/亩左右;城镇绿化可采用小块状、孤植或成行种植,保留足量的树冠以防日灼。

种苗规格　营建桢楠用材林宜选择2年容器苗,要求苗高60厘米、地径1.5厘米以上;作为城镇园林绿化用苗,宜选用5～6年生以上容器大苗,或米径5厘米以上的规格土球大苗。

种植技术　采用带状或块状整地,一般挖规格为50厘米×50厘米×40厘米的种植穴,挖穴时将表层土和心土分别堆放,种植时先回填表土,施基肥(复合肥0.1～0.2千克/穴)拌匀。最好的栽植时间为2月至3月上旬,即在桢楠的芽还未萌动之前，容器苗可适当延后，成活率可达95%，且当年高生长量可达20厘米以上；绿化观赏栽培，挖穴大小依苗木规格而定，施足基肥，移栽时摘除50%的小枝、叶片以减少水分蒸发。

抚育管理 幼林抚育宜在生长高峰和旱季将到之前进行。前3年，抚育需每年割灌除草2次，分别于5月和11月进行，桢楠芽萌发前加施复合肥0.1~0.2千克/株。由于桢楠幼树耐阴，所以幼林可以适当进行荫蔽以利其生长，而成林时，对密度较大的区域进行适度间伐，增强其透光度，可采用弱度下层抚育法，以培育较大径材。

庆元实验林场于2015年初选择山地中下坡营建桢楠人工林，每年进行二次抚育，株高为5~7米，地径7~9厘米。

浙江省庆元县实验林场桢楠人工林（周生财　供图）

四、紫楠

1 树种特性与应用价值

紫楠［*Phoebe sheareri*（Hemsl.）Gamble］为樟科（Lauraceae）楠属（*Phoebe*）常绿乔木。天然分布于长江流域以南及西南各地海拔1000米以下区域，现存资源以浙江建德、临安、杭州市区为最多，是商品木材金丝楠木的原植物之一。其木材坚韧、耐腐，纹理清晰，刨面淡黄光滑、清香淡雅，是实木家具、建筑、雕刻的上等用材；树形端正美观，叶大荫浓，寿命极长，宜作庭荫树及绿化树、风景树，是具有珍贵健康特性的绿化观赏树种；根、枝、叶均可提炼芳香油，具重要药用价值，属浙江乡土珍贵树种。

紫楠

2 栽培技术要点

品种选择 紫楠在楠属中分布最广，具有较强的适应性，种内变异丰富，品种类型多，但目前尚无选育的品种供生产应用。培育绿化大苗或营建高质量的珍贵用材林需选择高生长优势明显的单株采种育苗。

立地选择 紫楠喜温暖湿润的气候及深厚、肥沃、湿润而排水良好的微酸性及中性土壤，山地造林宜选择海拔600米以下，中、下坡土壤深厚、肥沃的背风面立地环境，切忌选择贫瘠或风口的立地栽培。作为园林绿化栽培，切忌选择地下水位高（或积水）地段栽培。

栽培模式 山地造林宜采用大块状混交、多行混交等造林模式，初植密度167～200株/亩，其中紫楠栽培90～100株/亩，主要混交树种有杉木、杂交松、光皮桦、枫香等；针对低陵缓坡（一般坡度不超过5度）可采用林苗一体化栽培模式，初植密度333～666株/亩，5～6年后开始作为绿化苗移栽，最终保留70～80株/亩培育大径材；城镇绿化可采用孤植、丛植或成行种植。

种苗规格 山地营建紫楠珍贵用材林宜选择2或3年生容器苗，要求苗高超过50厘米、地径1.0厘米；作为城镇园林绿化用苗，宜选用5～6年生以上容器大苗，或米径5厘米以上规格土球大苗。

种植技术 山地造林采用大块状或带状深挖整地，种植穴规格为50厘米×50厘米×40厘米，施基肥（复合肥0.2～0.25千克/穴），以11月至次年4月造林为宜，容器苗可适当延后，成活率可达95%；作为绿化观赏树种栽培，挖穴大小依苗木规格而定，施足基肥，移栽时摘除40%～60%的小枝、叶片以减少水分蒸发。

抚育管理 用材林抚育需每年割灌除草2次，加施复合肥与氮肥（1∶2）0.2～0.25千克/株，连续抚育3～4年。若发生蜡类与天牛危害形成的枯枝病，需清除枯枝，用23%高效氯氟氰菊酯微囊悬浮剂1500倍液配合杀菌剂30%吡唑醚菌酯悬浮剂1500倍液喷洒防治。当林分郁闭度达0.8以上、自然整枝约占树冠1/3时开始间伐，伐除混交树种与生长不良紫楠单株，保留紫楠70～80株/亩以培育大径材。园林种植抚育管理时，侧枝不宜多修，以防树干日灼开裂，并加强水肥管理。

杭州市富阳区庙山坞林场紫楠基地

五、闽楠

① 树种特性与应用价值

闽楠［*Phoebe bournei*（Hemsl.）Yang］属樟科（Lauraceae）楠属（*Phoebe*）常绿高大乔木，系国家二级保护的珍稀渐危树种，多为常绿阔叶林或常绿落叶混交林的主要乔木种。天然分布于福建、江西、湖南、贵州、广西以及浙江南部海拔1000米以下区域。其木材纹理美观，削面淡黄光滑，香气清新淡雅，材质坚韧致密，是商品木材金丝楠木的原植物之一，是建筑、高级家具、工艺雕刻的上等用材，被列为南方重要的珍贵用材树种。闽楠树形优美，干形通直，枝叶稠密，鲜叶亮丽，宜作庭荫树、行道树或风景树，是优良的绿化观赏树种。

闽 楠

❷ 栽培技术要点

品种选择　闽楠自然分布广，栽培适应性较强，在种源间及种源内单株间存在丰富的遗传变异。已选育审定的江西婺源闽楠种源以及浙江各地种源，具有更强的耐寒性，适于浙江中部及以南地区山地造林及城镇绿化，而福建、江西南部、广西种源年生长期长，具有更大的树高、胸径生长优势，适于浙江省的温州、庆元、龙泉、松阳等地500米海拔以下区域造林用种。

立地选择　山地造林宜选择海拔500米以下中、下坡，沟谷两侧或河边台地等相对肥沃的立地，不宜选择贫瘠或风口的立地环境栽培。作为园林绿化栽培，宜选择土层深厚、排水良好的中性或微酸性土壤。

栽培模式　作为珍贵用材林栽培，宜选用混交造林模式（可提高闽楠造林成活率和促进幼林生长），初植密度100株/亩左右。可使用行间或株间混交，混交比例为1∶2或者1∶1。混交树种有杉木、杂交松、银杏、江南油杉等针叶树种以及杂交马褂木、光皮桦、毛红椿、赤皮青冈等阔叶树种。不适宜造大面积纯林，在立地较平缓的山谷间或山坡下可营造小片纯林，造林密度100株/亩。

种苗规格　营建珍贵用材林宜选择2年生容器苗，要求苗高70厘米、地径1.5厘米以上；作为城镇绿化用苗，宜选用4～5年生以上容器大苗，或米径5厘米以上的规格土球大苗。

种植技术 山地造林应清理杂灌，带状、块状整地或穴状整地。一般挖规格为50厘米×50厘米×40厘米的种植穴，施基肥（复合肥0.1~0.2千克/穴）。2—4月、6月均可采用容器苗造林，成活率可达95%，且当年高生长量可达30厘米以上；大苗造林做到随起随种、带土球，并保持土球紧实是造林成活的关键。栽植时做到苗正、根舒、分层打紧、适当深栽。作为绿化树种栽培，挖穴大小依苗木规格而定，施足基肥，移栽时摘除50%的小枝、叶片以减少水分蒸发。

抚育管理 用材林抚育需每年5—6月和8—9月割灌除草各一次，加施复合肥0.1~0.2千克/株，连续抚育3年，株高可达2.5~3.0米、地径5厘米以上。当林分郁闭度达0.8~0.9，或自然整枝约占树冠1/3时开始间伐。首先伐除混交树种和生长不良的闽楠植株，最终保留闽楠60株/亩以培育高值大径材。四旁绿化栽培应尽量不修枝，需保留足够树冠以防树干日灼。闽楠感染病虫害较少，幼树会发生少量的蛀梢象鼻虫危害，可及时将被害新梢剪除、烧毁。若发生螨类与天牛危害形成的枯枝病，需及时将枯枝清除、烧毁，用23%高效氯氟氰菊酯微囊悬浮剂1500倍液配合杀菌剂30%吡唑醚菌酯悬浮剂1500倍液喷洒防治。

庆元实验林场位于浙江省南部丽水市庆元县，2013年年底选择山地中下坡营建闽楠人工林，每年进行1次抚育，现株

高为6~8米，胸径8~10厘米。

庆元县实验林场闽楠人工林（周生财　供图）

六、刨花楠

1 树种特性与应用价值

刨花楠（*Machilus pauhoi* Kanehira）属樟科（Lauraceae）润楠属（*Machilus*）高大常绿乔木。天然分布于长江以南及华南地区；浙江南部、浙西南部林区呈零散分布，建德市寿昌林场绿荷塘林区保存有大片的天然林。刨花楠生长迅速，适应性强，干形圆满通直，出材量大，材质优良，心材带红色，纹理美观，结构细密，硬度适中，刨面较光滑，是实木家具与室内装修优质材树种，也是优质薰香制品的主要工业原料。树冠浓密，树形高大美观，嫩叶嫩枝呈粉红或红棕色，是彩色珍贵景观树种。

刨花楠

2 栽培技术要点

品种选择 刨花楠自然分布较广，栽培适应性较强，但在种源间及种源内单株间存在丰富的遗传变异,但目前尚无选育的良种。营建刨花楠人工林需选择优良林分中的优良单株采种育苗。

立地选择 山地造林宜选择海拔800米以下中、下坡,沟谷两侧或河边台地等土层深厚肥沃、空气湿润、立地条件较好的阴坡或半阴坡的林地造林,酸性或微酸性的红壤、黄红壤均可。作为园林绿化栽培,宜选择土层深厚、排水良好的中性或微酸性土壤。

栽培模式 作为珍贵用材林栽培,宜选用混交造林模式,初植密度100株/亩左右。可使用行间或株间混交,采用1∶1混交比例。混交树种有杉木、杂交松等速生用材树种,也可选光皮桦、银杏、杂交马褂木等落叶珍贵树种。

种苗规格 营建珍贵用材林宜选择1.5年生或2年生容器苗,要求苗高80厘米、地径1.0厘米以上;作为城镇园林绿化用苗,宜选用4~5年生以上容器大苗,或米径5厘米以上的规格土球大苗。

种植技术 山地造林需清理杂灌,采用带状、块状或穴状整地。挖规格为50厘米×50厘米×40厘米的种植穴,施基肥(复合肥0.1~0.2千克/穴)。一般选择在冬季小寒之后,立春之前的雨后阴天或晴天进行造林,容器苗造林则可适当延后,成活率可达95%,且当年高生长量可达30厘米以上;作为绿化树种栽培,挖穴大小依苗木规格而定,施足基肥,移栽时摘除50%的小枝、叶片以减少水分蒸发,并加强水分与光照管理。

抚育管理 造林后的前3年，各抚育2次，宜采用穴状抚育，割灌除草和扩穴松土。春季抚育宜在4—5月，可加施复合肥0.2~0.25千克/株，秋季抚育可安排在10—11月，若遇到高温可适当延后。连续抚育3年，株高可达2.5米、地径4厘米以上。当林分郁闭度达0.9以上，或自然整枝约占树冠1/3时开始间伐。首先伐除杉松等混交树种和生长不良的刨花楠植株，保留刨花楠及其他珍贵树种60~70株/亩以培育大径材。四旁绿化栽培应尽量少修枝以防树干日灼。刨花楠感染病虫害较少，若发生蟥类与天牛危害形成的枯枝病，需及时将枯枝清除、烧毁，用23%高效氯氟氰菊酯微囊悬浮剂1500倍液配合杀菌剂30%吡唑醚菌酯悬浮剂1500倍液喷洒防治。

典型案例

杭州市富阳区庙山坞林场刨花楠基地

七、浙江樟

1 树种特性与应用价值

浙江樟（*Cinnamomum chekiangense* Nakai）为樟科（Lauraceae）樟属（Cinnamomum）常绿大乔木，系我国特有树种。天然分布于浙江、安徽、湖南、江西、湖北等省海拔600米以下区域。木材耐水湿，质地细腻坚硬，清香淡雅，耐腐，防蛀，是实木家具、工艺雕刻、建筑等优质用材，被列为重要的珍贵用材树种；树冠端整，形态优美，新叶亮丽，属优良的行道树、庭荫树和景观树，所释放的化学物质具净化空气与保健作用，是珍贵的乡土绿化观赏树种。另外，其干燥树皮与枝皮入药称"香桂皮"，具行气健胃、祛寒镇痛之功效，也可代桂皮作烹饪佐料，属芳香食用树种。

浙江樟

2 栽培技术要点

品种选择 浙江樟有较广的适应范围，不同种源及单株的耐寒性、生长量、冠型以及新叶色泽等性状具有丰富的遗传差异。目前尚未选育出生产上应用的优良品种，营建珍贵树种林或园林绿化可选择当地种源的优良单株采种育苗。

立地选择 浙江樟苗期幼树偏耐阴，成年树喜光，对土壤要求不严，喜湿润、深厚、肥沃、排水良好的微酸至中性土壤。山地造林宜选择海拔600米以下的中下坡土壤深厚的背风面立地，不宜选择贫瘠或风口造林。作为园林绿化栽培，切忌选择地下水位高（或积水）的地段栽培。

栽培模式 山地造林宜采用大块状混交、多行混交等造林模式，初植密度167～200株/亩，其中浙江樟栽培70～80株/亩，主要混交树种有杉木、红豆树、光皮桦、杂种鹅掌楸、黄檀等树种；针对低陵缓坡（一般坡度不超过5度）可采用林苗一体化栽培模式，初植密度333～666株/亩，5年后开始作为绿化苗移栽，最终保留60～70株/亩培育大径材；杉木林疏伐后、竹林改造或生态林林下补植可栽植20～30株/亩；城镇绿化可采用片植、孤植或成行种植。

种苗规格 山地营建浙江樟珍贵用材林宜选择2年生容器苗，要求苗高超过80厘米、地径1.0厘米；作为城镇园林绿化用苗，宜选用4～5年生以上容器大苗，或米径5厘米以上规格土球大苗。

种植技术 山地造林需清理林地，采用块状或带状深挖整地，挖规格为50厘米×50厘米×40厘米的种植穴，施基肥（复合肥0.2～0.25千克/穴），当年11月至次年4月造林，容器苗可适当延后，成活率可达95%；作为绿化观赏树种栽培，挖穴大小依苗木规格而定，施足基肥，大树（苗）移栽时摘除50%～60%的小枝、叶片以减少水分蒸发。

抚育管理 连续抚育3年，每年割灌除草2次，加施复合肥0.1～0.25千克/株。若发生蜻类与天牛危害形成的枯枝病，需清除枯枝，用23%高效氯氟氰菊酯微囊悬浮剂1500倍液配合杀菌剂30%吡唑醚菌酯悬浮剂1500倍液喷洒防治。当林分郁闭度达0.9以上，或自然整枝约占树冠1/3时开始间伐，先伐除部分混交树种，保留60株/亩以培育大径材。园林种植抚育管理时，不需修枝整形，需保留足够的树冠以防树干日灼，并加强水肥管理。

台州市仙居县白塔镇浙江樟基地

八、普陀樟

1 树种特性与应用价值

普陀樟（*Cinnamomum japonicum* var. *chenii*）为樟科樟属常绿乔木，系国家二级重点保护野生植物。分布于沿海岛屿，生长在海边山坡和岩质海岸。耐干旱瘠薄，抗海风和耐盐雾性均较强，树形优美，四季常绿，为优良绿化观赏树种。木材坚实、耐水湿、有香气，为优良用材。

普陀樟

2 栽培技术要点

立地选择 造林地区以浙东海岛和沿海地区为主，一般选择土壤较厚、少石砾的山坡中、下坡，应用于草丛、灌草丛造林，或落叶灌丛和残次落叶阔叶林改造。

栽培模式 采用普陀樟、红楠配置模式营造常绿阔叶林，在海风影响较小的地段，可引入舟山新木姜子，在风口宜配置全缘冬青。

种苗规格 造林苗木采用2~3年生容器苗,规格以苗高30~50厘米、地径6~7毫米为宜。

种植技术 采用带状或块状清理,造林一般选择春季2—3月阴天或细雨天,种植穴规格以30厘米×30厘米×30厘米或40厘米×40厘米×35厘米为宜。普陀樟对肥料要求相对较低,有条件的可采用复合肥或腐熟的有机肥,在苗木栽植前施入。土壤覆草保墒、施用保水剂和覆草+保水剂等蓄水保墒措施都能有效地保持土壤水分,对于降水量少的海岛尤为重要。保水剂与回填土壤拌匀后填入,后覆盖松土分层回填踩实,再根据设计需要覆草。保水剂用量20克/株左右,覆草材料就地取材,用铡刀将五节芒茎叶切成长1~2厘米的小段后覆盖在苗木周围。

抚育管理 造林后抚育3年以上,每年在5月下旬、10月上旬松土除草抚育2次,全面割除林带内杂草、灌木,浅松土,尤其要做好扶苗、除蘖、修枝工作,以保持树干明显。割下的杂草、灌木覆盖在苗木基部保墒。在夏季高温少雨时,要做好幼树根际的覆草保墒工作,必要时进行人工浇水。

典型案例

舟山市岱山县衢山镇普陀樟基地

九、乳源木莲

1 树种特性与应用价值

乳源木莲（*Manglietia yuyuanensis* Law）属木兰科常绿乔木。分布于我国安徽（黄山）、浙江南部、江西、福建、湖南南部、广东北部（乳源）海拔700～1200米的林中。树干通直，枝叶浓密，花如莲花，色白清香，果实红艳，是优良的庭园观赏和四旁绿化树种，集观赏、药用等价值于一身。生长迅速，适应性较强，中偏阴性树种，喜温暖、湿润，幼树耐阴。着根较深。木材色质兼优。天然更新良好。

乳源木莲

2 栽培技术要点

立地选择　造林地宜选择海拔500米以下，在土质深厚、疏松肥沃、水湿条件好的山谷，沟边和山坡两侧生长较好。以阴坡、半阴坡、阳坡中下部或在疏林下栽植为优，要求土层深厚、肥沃疏松的酸性土壤。

栽培模式　乳源木莲山地造林可造纯林（密度60～100株/亩），可与杉木、福建柏等针叶树混交（133～167株/亩），也可与马褂木、香樟等阔叶树混交，适宜马尾松林、杉木林等针叶纯林间伐补植改造和松阔混交林、次生阔叶林等疏林下补植。平原绿化可采用孤立木或丛状或带状栽培。

种苗规格　山地造林可用1年生裸根苗（苗高50厘米以上、地径0.7厘米以上）或2～3年生容器苗（苗高80厘米以上、地径1.0厘米以上）。城镇绿化用苗宜选用5年生以上容器大苗或米径5厘米以上规格土球大苗。

种植技术　山地造林需清理杂灌，带状或块状清理，宜在早春1—2月或3月上旬栽植。种植穴的规格为60厘米×60厘米×40厘米，有条件的地方可在穴内施基肥，基肥可用磷肥或复合肥。为保证造林成活率，可对苗木进行适当修枝剪叶，修剪过长或受伤的根系。裸根苗栽植前可将苗根蘸以拌有适量磷肥的黄泥浆。栽植时，要求适当深栽，根系应舒展不窝根，同时保证打紧土壤，并在穴面盖以1层松土，以减少表层土壤水分蒸发。

抚育管理　造林后前3年，每年均应进行2次锄草松土，并逐步扩穴通带，时间分别在4—5月和8—9月进行。有条件的地方应做到适当施肥和深翻，以后每年锄草1次，直至林分郁闭。

典型案例

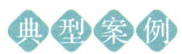

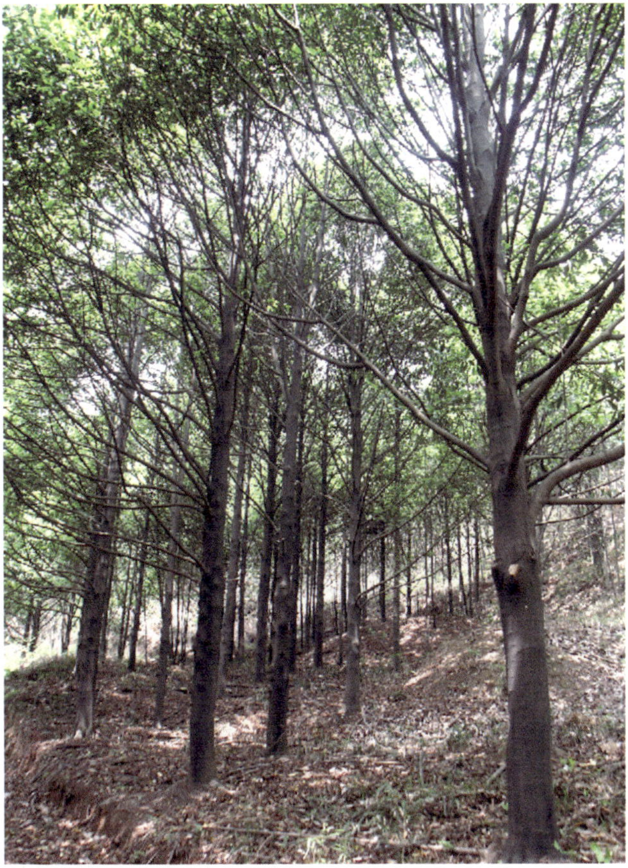

杭州市午潮山林场乳源木莲基地

十、舟山新木姜子

1 树种特性与应用价值

舟山新木姜子［*Neolitsea sericea*（Bl.）Koidz.］为樟科新木姜子属常绿乔木，系国家二级重点保护野生植物。仅分布在海岛和沿海地区。树冠端正，枝叶茂盛，生长中等，为优良观叶观果树种。春天幼嫩枝叶密被金黄色绢状柔毛，在阳光照耀及微风的吹动下闪闪发光，俗称"佛光树"；冬天红果满枝，与绿叶相映，十分艳丽，为观叶兼观果树种，珍贵的庭园观赏树及行道树。树干通直，出材率高，材质优良，结构细致，纹理通直，富有香气，属名贵硬木，是建筑、家具、船舶等的上等用材。

舟山新木姜子

第二编　常绿阔叶树种

❷ 栽培技术要点

立地选择　造林地区以浙东沿海地区为主，可推广辐射到浙南和内陆地区，宜选择土壤较厚、少石砾且海风影响较小的山坡中、下坡，应用于落叶灌丛和残次落叶阔叶林改造或落叶阔叶林补植。

栽培模式　采用舟山新木姜子单一优势或舟山新木姜子占优势，与普陀樟、红楠等2～3个树种混交的配置模式。

种苗规格　造林苗木采用2～3年生容器苗，规格以苗高30～50厘米、地径6～7毫米为宜。

种植技术　山地造林需清理杂灌，采用带状或块状清理，种植穴规格以30厘米×30厘米×30厘米或40厘米×40厘米×35厘米为宜。造林一般选择春季2—3月阴天或细雨天，苗木栽植前施入基肥，适当回土覆盖基肥，一般采用复合肥，有条件的可采用腐熟的有机肥或缓释肥。土壤覆草保墒、施用保水剂和覆草+保水剂等蓄水保墒措施都能有效地保持土壤水分，对于降水量少的海岛尤为重要。保水剂与回填土壤拌匀后填入，后覆盖松土分层回填踩实，再根据设计需要覆草。保水剂用量20克/株左右，覆草材料就地取材，用铡刀将五节芒茎叶切成长1～2厘米的小段后覆盖在苗木周围。有条件的苗木在定植后及时浇水。

抚育管理　造林后抚育3年以上，每年在5月下旬、10月上旬松土除草抚育2次，全面割除林带内杂草、灌木，浅松土，结合扶苗、除蘖、修枝等。同时结合松土扩穴，适当追施复合肥，有条件的尽量追施有机肥，施肥在上半年5月前完成。割下的杂草、灌木覆盖在苗木基部保墒。

典型案例

舟山市岱山县岱东镇舟山新木姜子基地

十一、赤皮青冈

1 树种特性与应用价值

赤皮青冈[*Cyclobalanopsis gilva*(Blume)Oerst]为青冈属(*Cyclobalanopsis*)植物,是壳斗科(Fagaceae)常绿乔木,别名红椆、赤皮椆或红槠,为江南四大名木之一。自然分布于我国浙江、江西、福建、湖南、广东、贵州和台湾等地以及日本。

赤皮青冈

它是亚热带常绿阔叶林的重要组成树种,是优良的珍贵硬木,是该属树木中材质最为优异的一种,且生长较快,适应性强,树干通直高大,心材暗红褐色,其木材重硬,纹理直,结构粗而均匀,径切面具美丽的射线斑纹,油漆性及胶黏性良好,握钉力强,是家具、地板、装饰、工艺、纺织器材、体育器材和建筑用材等上等用材。

❷ 栽培技术要点

品种选择 赤皮青冈不同产地和优树家系间存在显著的遗传变异,可选用福建建瓯种源等造林。浙江丽水市庆元县实验林场选用福建建瓯和浙江宁波产的优树家系建立赤皮青冈实生种子园,第6年就已开花,第8年大量结实,已认定为浙江省级林木良种,可供生产应用。

立地选择 赤皮青冈中等喜光,喜温暖湿润气候,是一个中速生长树种,适应性强,比较耐干旱瘠薄,在花岗岩、板页岩、石灰岩、砂砾岩、红色黏土及河湖冲击物发育的红壤、山地黄壤及潮土上都能生长,但培育珍贵用材林则宜选择土层深厚疏松,排水良好的山谷、山洼和河边台地种植。

栽培模式 可营造赤皮青冈纯林,但因其分枝较多,宜采用与杉木、松树等混交造林,或结合次生松林改培在其稀疏的林冠下套种,以促进赤皮青冈的自然整枝和通直的树干生长,营造混交林时,可采用赤皮青冈∶杉木为3∶1的杉行间混交模式。在杉木萌芽林中补种赤皮青冈时,大体形成1∶1的混交模式。

种苗规格 宜选用2年生容器苗造林,要求苗高超过55厘米、地径0.5厘米以上。如选用1年生容器苗,要求苗高超过20厘米、地径0.30厘米以上。

种植技术 造林以春季2—3月为宜,容器苗可适当延后。最好选择阴天、多云天或雨后土壤湿润时栽植。全面清理造林地中的杂灌,挖除茅杆根。块状整地,种植穴规格为40厘米×40厘米×40厘米,挖穴时将表层土和下层土分别堆放,造林前或造林时先往穴内回填一半表土,回填心土至平穴备栽。有条件的情况下可适当施基肥,每穴均匀施入钙镁磷肥200~250克。栽植应一回表土,二栽苗,三覆土,四培土,培土高度以高于容器苗袋3厘米左右为宜。

抚育管理 造林后第1~3年,每年4—5月和8—9月各抚育1次。4—5月以全面锄草和劈除杂灌为主,8—9月以全面锄草结合扩穴培土,培土高度为5~10厘米。造林后第4~5年,每年4—5月全面锄草、培土1次,至林分郁闭。纯林、混交林均需进行疏伐管理,伐去伴生树种及被压木等,第1次间伐一般在13~15年生时进行,间伐强度为30%左右,第2次间伐在20~25年,间伐后,赤皮青冈最终保留密度为50~60株/亩,以培育大径材。

典型案例

丽水市庆元县庆元实验林场赤皮青冈基地

十二、红豆树

1 树种特性与应用价值

红豆树（*Ormosia hosiei* Hemsl. et Wils.）属豆科（Leguminosae）红豆树属（*Ormosia*）常绿或半落叶大乔木，通常叫鄂西红豆，别名顾山红豆、江阴红豆、戴氏红豆和花梨木等，系国家二级重点保护野生植物。分布于江苏南部、浙江、江西、福建、湖北、湖南、陕西南部、四川、重庆和贵州等地，生于海拔400～650米的丘陵、河边或山谷常绿阔叶林中，是最接近国家标准5属8类33种红木树种中分布最北、最耐寒的珍贵树种之一。其木材坚实硬重，结构细密，不经油漆却形同墨玉，举世闻名的龙泉宝剑的剑鞘就是用它的心材加工而成。其树干通直高大，树冠呈

红豆树

伞形，浓荫覆地，树姿优雅清秀，花、果、种子都具有很高的观赏价值，具有极高的材用、景观和森林文化价值，属浙江省优先发展的乡土珍贵树种和城乡景观绿化树种。

2 栽培技术要点

品种选择 红豆树适应性较强，但易因秋天温度升高发生秋梢而受冻。宜选择浙江和福建的种源育苗造林，应选择30年生及以上的优良母树采种。

立地选择 红豆树为固氮树种，对土壤肥力要求中等，但对水分要求较高。造林时宜选择土壤pH4.5～7.5、土层深厚肥沃、水分充足的立地。在土壤肥沃、水分条件较好的山洼、山麓、水口等处生长快，干形也较通直。不宜选择在风口造林，造林地的海拔要低于500米。

栽培模式 红豆树为喜光树种，作为珍贵用材林栽培，宜采用小块状纯林的栽种模式，每亩初植密度为90～110株。在生产上也可采用与松杉及其他阔叶树种混交的造林模式，但因红豆树竞争力不如杉木等树种，其与杉木等伴生树种的混交比例要高，如3∶1，并应及时间伐利用杉木等伴生树种。公园和行道景观绿化，以及四旁造林也是培育红豆树珍贵用材一种非常好的造林模式。

种苗规格 研究和生产实践表明，用1年生红豆树大田苗或容器苗造林，其造林成效差，抚育成本高，且容易遭野兔啃食危害，需采用干形通直、高度在70厘米以上2～3年生粗壮的容器大苗造林。作为城乡园林绿化用苗，宜选用4～5年生以上容器大苗，或采用米径超过5厘米的规格土球苗木。

种植技术 山地造林需劈除和清理林地杂草和杂灌，带状或大块状清理。块状整地，规格为120厘米×120厘米，翻挖表土深20～25厘米。种植穴规格为50厘米×50厘米×40厘米。2～3年生容器苗应在2月中旬至3月底完成造林，且宜在雨后阴天时栽植。栽植前每穴均匀施入腐熟的栏肥等有机肥2～2.5千克或0.2～0.25千克磷肥和0.03～0.05千克的复合肥作基肥。作为绿化观赏树种栽培，挖穴大小依苗木规格而定，施足基肥。

抚育管理 造林后第1～3年，每年抚育3次，于4—5月、6—7月和9—10月各抚育1次，造林后第4～5年，每年进行2次抚育，于6—7月和9—10月各抚育1次，进行全面锄草和培土，直至林分郁闭。红豆树栽植后应及时插杆绑缚，可选高度3米左右的竹竿，在10厘米处深插、绑扶，自下而上每年绑扶3次，可分别结合每次抚育进行。造林后每年的4—5月，结合抚育进行1次修剪，剪除基部萌条、主干强势侧枝和上部竞争枝芽，保留中上部正常营养枝，逐步修剪至树干高度4米以上，以培育树干基部4～6米段通直圆满的高等级干材。造林后第2年和第3年的4—5月，结合幼林抚育每株沟施或穴施复合肥0.05～0.1千克，结合中龄林间伐每株沟施或穴施复合肥0.1～0.15千克。对于被病、虫、机械损伤等破坏主干的植株，宜截干促萌重新定干。

主要 速生与珍贵树种 生态栽培技术

典型案例

丽水市白云山森林公园红豆树基地

十三、桂花

1 树种特性与应用价值

桂花（*Osmanthus fragrans* Lour.）为木犀科（Oleaceae）木犀属（*Osmanthus*）常绿灌木或小乔木。原产于我国西南和中南部地区，现已广泛栽培。为我国十大传统名花之一，是集绿化、美化、香化于一体的观赏与实用兼备的优良园林树种，其形、色、香、韵俱佳，有"独占三秋压群芳"之美誉。桂花寿命长，病虫害少，适应性强，较耐寒，观赏价值高，广泛应用于城乡绿化等平原绿化上，也可用于营建彩色森林。此外，桂花还可提取香料，落花可制蜜饯食之，具有广泛的经济价值。

桂 花

2 栽培技术要点

品种选择 桂花经过长期栽植、自然杂交和人工选育，有几十个栽培品种。按花色分有'金桂''银桂''丹桂';按叶型分有'柳叶桂''金扇桂''滴水黄''葵花叶''柴柄黄';按花期分有'八月桂''四季桂''月月桂'等。近几年又培育彩叶桂新品种近200个,其中30多个适应性强的新品种,适于浙江省山地造林和园林绿化,主要为'波叶金桂''状元红''玉帘银丝''虔南桂妃''脂玉''金帝''少女红晕'等。

立地选择 桂花宜选择低海拔800米以下缓坡、土层深厚、透气排水良好、阳光充足、通风透光的环境。种植地以排水良好的沙质壤土、酸性和微酸性、钙质或微碱性为宜,pH 5.5~7.0。

栽培模式 桂花营建香花彩色森林时,可采用纯林和混交林模式造林,可与红楠、黄连木、山槐、乌桕、枫香、杜鹃花、杜英、青冈栎、金钱松和杉木等常绿或落叶树种营建混交林,散植、块状混交和组团混交造林均可。纯林初植密度3000株/公顷左右;混交林按20%~50%比例种植。园林中可用多种桂花品种来表现园林色块的效果,不同品种采用对比与协调、集中与分散、排列的手法充分体现桂花品种的色彩和香花效果。如在分车带、行道树下,用桂花与其他常绿植物交叉排列,充分体现出色彩的美。

种苗规格 山地营建彩色森林需选择3~4年生容器苗,要求苗高超过180厘米、地径3.0~4.0厘米以上的优质苗;作为城镇园林绿化用苗,宜选用4~5年生以上容器大苗或采用规格土球大苗。

种植技术 山地营造彩色森林，一般挖种植穴，规格为50厘米×50厘米×40厘米，施基肥（复合肥0.1~0.2千克/穴），3—6月、10月、12月均可用容器苗造林，成活率可达95%，且当年可见成效；作为绿化观赏树种栽培，挖穴大小依苗木规格而定，施足基肥，移栽时去除30%~40%的小枝叶以减少水分蒸发。

抚育管理 山地桂花林抚育需每年割灌除草2次，加施复合肥0.1~0.2千克/株，连续抚育3年，株高可达3.0米、地径5厘米以上。园林绿化种植抚育管理时，修枝要注意保留树冠枝叶以保持树冠圆整，并加强水肥管理。

典型案例

金华市婺城区造型桂花种植基地

十四、竹柏

1 树种特性与应用价值

竹柏[*Podocarpus nagi*(*Thunb.*)Zoll. et Mor ex Zoll.]为罗汉松科（Podocarpaceae）罗汉松属（*Podocarpus* L.）常绿乔木，高达20米，是国家二级保护植物，为古老的裸子植物，被人们称为活化石。分布于浙江、福建、江西、湖南、广东、广西、四川等地，日本也有分布。具有较高的观赏、用材、生态和药用价值。竹柏叶色浓绿而有光泽，四季常青，树冠浓郁，树形美观，宜作庭荫树、风景树；具有通直而细密的纹理，且加工性能好，

竹 柏

干燥后不会变形和开裂,是雕刻、制作家具和胶合板的优良用材;叶片和树皮常年散发出浓郁的丁香气味,能够净化空气、抗污染和驱蚊效果;根、茎、叶及种子富含多种化学成分,有舒筋活血、止血接骨,有治疗外伤的效果;富含大量的黄酮与榄香烯,具有抗癌、控制血糖、增强免疫力等功效。

❷ 栽培技术要点

立地选择 竹柏对土壤要求比较高,宜选择疏松深厚并且肥沃、富含腐殖质的沙质土壤和轻黏土,喜山地黄壤及棕色森林土壤,尤以沙质土生长较快,在贫瘠的土壤中生长比较缓慢,重黏土或石灰土均不宜用作竹柏的造林地,切忌选择地下水位高(或积水)的地段栽培。山地造林宜选择在阴坡或半阴坡,土壤肥沃湿润的中下部。浙江省浙南地区适宜栽培,其他地区要注意立地选择,应选择在相对温暖的小气候环境,特别是小苗造林要采用保温措施。

栽培模式 竹柏属耐阴树种,造林地要求植被丰富,可与常绿阔叶树种香樟、栲类、甜槠、青冈栎等混栽,亦可在针阔混交林、马尾松、杉木等残林下造林。坡度小于20度的可全垦整地,间种高秆作物遮阴,坡度大于20度的山坡,可用带状或穴状整地,利用杂草和灌木作侧方遮阴。在林冠下天然更新良好。城市绿化可用孤植、丛植、列植或混交等模式,混交树种宜采用枫香、银杏、杂交马褂木等彩色落叶树种。

种苗规格 山地造林宜选择2年生裸根苗或容器苗,要求苗高达50～80厘米的优质苗（一年生苗高20～30厘米，虽可上山造林，但由于苗木幼小，抵抗力弱，成活率较低）；城镇园林绿化用苗，宜选用4～5年生容器大苗，或米径超过5厘米的规格土球大苗。

种植技术 造林季节宜在1—2月苗木尚未萌芽前进行，容器苗造林时间可延长。种植穴规格为50厘米×50厘米×50厘米，挖穴时将表土和心土分开堆放，回土时先将表土回填，并与基肥（每穴施钙镁磷肥或复合肥0.4～0.5千克）混合均匀，然后再回填心土，至与穴面持平即可；回土时注意打碎土块和清理草根、石块等杂物。定植时根系要舒展。作为绿化观赏树种栽培，挖穴大小依苗木规格而定，施足基肥，栽后浇足定根水。

抚育管理 造林当年的4—5月进行抚育，主要是铲除植株周围的杂草和松土，并将杂草埋入土中，连续抚育3～4年，每年抚育1次。间种农作物的幼林区，可随作物中耕进行抚育，待幼树生长高约3米，即可停止抚育；成林后应视林木生长情况进行间伐。园林绿化种植的竹柏抚育管理，天气干旱时注意浇水保湿，雨季应及时排水，以免因土壤积水造成烂根；竹柏不耐修剪，冬季只需剪去枯枝、病弱枝，保持土壤湿润，生长期每季追1次肥。竹柏病虫害较少，偶见有白粉病，可用800～1000倍液的粉锈灵防治。

第二编 常绿阔叶树种

福建省三明市大田县竹柏林基地

十五、红锥

1 树种特性与应用价值

红锥（*Castanopsis hystrix* Miq.）属壳斗科（Fagaceae）栲树属（*Castanopsis*）高大常绿乔木，我国珍贵的稀有树种之一。天然分布于广东、海南、广西、贵州、福建、湖南西南部及云南南部、西藏东南部等地。红椎材质是栲树属树种中最优者，成材时间早、材质良好，是高级家具、工艺雕刻的优质用材。其生长周期快、环境适应力强，需求量大，应用价值高，是浙江省丽水、温州低海拔区域可以推广的珍贵"红木"用材树种。

红 锥

2 栽培技术要点

品种选择 红锥在种源与单株间具有丰富的遗传变异，考

第二编 常绿阔叶树种

虑其耐寒性的种源差异,目前浙江南部地区栽培宜选择相近的福建东北部种源为妥,选择该种源内的优株采种育苗或优良家系良种。

立地选择 红椎喜温暖湿润气候环境,对土壤的适应性强,适宜于黄壤、红壤和砖红壤性等土壤生长,但在土层深厚、疏松、肥力较高、湿润的酸性土壤生长能发挥其速生特性。尽可能选在海拔高度500米以下、日照时间较短、湿度大、土层厚的阴坡或半阴坡下部,如果条件允许,也可选在山冲谷地、丘陵中下部或疏林地当中。

栽培模式 可采用纯林、大块状混交和多行混交等栽培模式,但以混交造林为优,混交树种可选择杉木、杂交松、光皮桦等。初植密度167株/亩,混交造林中红椎栽培80~90株/亩,其余为混交树种。

种苗规格 培育一年生轻基质容器苗用于造林,要求苗高超过30厘米,地径0.8厘米以上。采用裸根苗造林,要求苗高40厘米以上,且顶芽饱满,生长健壮,根系发达,充分木质化,无病虫害和无机械损伤。

种植技术 红锥栽培通常不炼山,可借助周围的杂草灌木丛作为侧方遮阴;造林地为坡地的,选择带状整地的方式,以减少水土流失,人工整地可采用穴状整地方式。种植穴规格为50厘米×50厘米×40厘米,选有机肥或复合肥作基肥,施有机肥每穴2~3千克或复合肥每穴200~300克。适当深栽,2—3月在裸根苗芽萌发前种植,容器苗可适当延后,种植时需剪除大部分叶片和过长根系,并蘸上泥浆后栽植。栽植后1～2个月,全面检查成活情况,发现死株及时利用容器苗补植。

抚育管理　幼林抚育宜根据造林地的灌木、杂草生长情况进行。一般来说,造林当年10—11月带状割灌草抚育1次,造林当年不施肥;第2或第3年每年抚育2次(4—5月、10—11月),其中4—5月结合割灌除草,施用复合肥加尿素每株100～150克(2∶1)。当林分郁闭度达0.8以上,枝下高达到1/3树高时可以进行第1次间伐,以间伐生长不良的红椎被压木和混交树种为主,经1～2次疏伐,保留红椎60株/亩培育大径材。

丽水市庆元县实验林场红锥人工林(种源来自福建)

十六、槠栲类树种

1 树种特性与应用价值

以壳斗科（Fagaceae）栲属（Castanopsis）种类为建群种组成的森林通称为槠栲林，是常绿阔叶林的主要类型之一。主要分布在中亚热带低山丘陵，海拔一般在1000米以下，不超过1500米，少数类型可分布达海拔2600米，代表性树种有苦槠［C. sclerophylla（Lindl.）Schott.］、甜槠［C. eyrei（Champ.）Tutch.］和红锥（C. hystrix Miq.）等。红锥材质优良，木材坚硬耐腐，是高级家具、造船、车辆、工艺雕刻、建筑装修等优质用材树种。红锥尽可能选在海拔高度500米以下、日照时间较短、湿度大、土层厚的阴坡或半阴坡下部，如果条件允许，也可选在山冲山谷、丘陵中下部或疏林地当中，浙江宜在温州地区种植。苦槠为优良园林绿化树种，同时也是很好的防火和生态修复树种，其木材淡棕黄色，属白锥

苦 槠

类,较密致,坚韧,富于弹性,种仁(子叶)是制粉条和豆腐的原料,制成的豆腐称为苦槠豆腐。甜槠木材淡棕黄色或黄白色,属黄锥类,种子味甜,生熟食均可,并可磨粉或供酿酒。

2 栽培技术要点

品种选择 当植物壳斗成熟时,在20~40年生的健壮母树上采收籽粒大、种仁饱满、种壳光亮、无病虫害的坚果留作种子。

立地选择 槠栲林是丘陵至亚高山常绿阔叶林主要林型之一。苦槠喜阳光充足,耐旱,以海拔1000米以下的深厚、湿润的中性和酸性土壤为宜。甜槠幼年耐阴,成年则需一定的光照条件,适生于气候温暖多雨地区的肥沃、湿润的酸性土上,在瘠薄的石砾地上也能生长,适应性较强。

栽培模式 槠栲类树种可营造纯林,也可混交造林。红椎、苦槠、甜槠均适宜与马尾松混交造林,混交造林时槠栲类树种占比30%~50%。

种苗规格 容器苗苗高25厘米以上,地径0.20厘米以上,顶芽完好、根系发达、无病害,即可出圃造林。苦槠和甜槠等用于生态修复或补植时,最好选用2年生大规格容器苗造林。

种植技术 造林前2~3个月完成清山,栽植前2个月采用带垦或穴垦整地,种植穴规格为50厘米×50厘米×40厘米,每穴施N、P、K比例为15∶15∶15的复混肥0.2~0.3千克作基肥;容器苗造林以2—4月为宜,雨后林地土壤湿润时栽植。

初植密度稍大,中等立地条件150～200株/亩,较好立地条件110～150株/亩。红锥适当深栽。

抚育管理 槠栲造林后前3年,每年铲草、扩穴、松土2次;第1年每株施N、P、K复混肥100克/亩,第2年至第4年每年施N、P、K比例为15∶15∶15的复混肥200克/亩,在幼林郁闭度达0.8时进行人工修枝,修枝高度为树高的1/5;8年生进行第1次间伐,每亩保留50～60株;培育大径材,15年生进行第2次间伐,每亩保留40株左右;危害幼林或成林的卷叶螟、竹节虫,用90%的敌百虫1500～2000倍液进行喷洒防治。

苦槠和甜槠造林后3～4年内每年锄草并松土2次,第1次抚育在5—6月,第2次抚育在8—9月,施肥可结合第2次抚育进行。郁闭后陆续分次疏伐。

丽水市庆元县百山祖槠栲类基地

十七、木荷

1 树种特性与应用价值

木荷（*Schima superba* Gardn. & Champ.）属山茶科（Teaceae）木荷属（*Schima*）常绿阔叶大乔木。广泛分布于南方各地，并在分布区外的重庆、安徽中部和湖北中部有栽培。为我国亚热带常绿阔叶林的主要建群种，是中华人民共和国成立后我国南方人工造林最早、面积最大的珍贵优质用材、生物防火和生态修复乡土造林树种，同时还是优良的景观绿化、康养和蜜源树种。其树干端直，木材坚重致密，结构均匀，力学性质好，是建筑、

木荷

器材、木制工艺品等珍贵优质阔叶用材。木荷既喜光，又具有一定的耐阴性，可以在强光条件下良好生长，也可以在稀疏林下正常生长，成为南方低质林分和松材线虫病除治迹地改造和生态修复树种的首选。

❷ 栽培技术要点　>>>

品种选择　木荷适应性较强，应选用经审（认）定的木荷优良种源、优良家系和种子园良种造林。

立地选择　一般应选择海拔800米以下丘陵和山地的宜林荒山荒地、采伐迹地或火烧迹地、松材线虫除治迹地、退耕还林地、低质人工林和次生林改培地等，以pH 4.5~6.0的红壤、黄壤和黄红壤等酸性土壤为宜。其人工用材林营建应尽可能选择土壤等条件较好的立地，特别是营建大径级用材林应优先考虑水肥、光照条件较好的下坡、中坡及半阴坡和阳坡林地。

栽培模式　可采用纯林，也可块状或带状与其他树种混交，与杉木或马尾松以1∶3比例、与枫香混交以2∶1或3∶1比例、与赤皮青冈以1∶1或1∶2比例效果较好。此外，还可采用杉木萌芽林套种造林，木荷∶杉木萌芽套种比例为6∶4。初植密度150株/亩。林下补植的密度不超过30株/亩。防火林带的初植密度设置为1.5米×1.5米。

种苗规格　造林一般选用木荷良种1年生容器苗，于2—4月造林，而低质次生林改培和松材线虫除治迹地更新，宜用

2~3年生大规格容器苗造林。

种植技术　山地造林前需清理杂灌，采用带状、块状或穴状清理，种植穴规格为40厘米×40厘米×30厘米（1年生容器苗造林）或50厘米×50厘米×40厘米（2~3年生大规格容器苗造林），种植穴内低外高，每穴撒施150~200克钙镁磷肥或有机肥250~300克作基肥，回填表土。

抚育管理　造林后第1年和第2年，每年于5—6月和9—10月各抚育1次。5—6月全面锄草、扩穴和培土，块状整地的采用逐年扩穴连带，带状整地的采用带间砍杂，带面松土除草，松土深度5~10厘米，培土高度为5~10厘米；9—10月全面锄草和劈除杂灌木。造林第3年后，可进行修枝，强度视情况可在1/4~1/3，以提高枝下高，促进优质高干材培育，每年7—8月全面劈草砍杂1次，直至林分郁闭。当林分郁闭度达0.9以上时，应按"伐劣留优、伐密留疏、伐小留大"的原则及时间伐。间伐强度不超过40%，保留林分郁闭度0.6~0.7。

速生丰产用材林造林后第2年和第3年，可在5—6月结合抚育进行1次施肥，在树干上方距离30~50厘米处每株环状沟施复合肥或尿素50~100克。中龄林施肥结合间伐进行，每株沟施饼肥等有机肥1000克或尿素300克或钙镁磷肥500克。培育大径材的在近熟林期间结合林地垦复，每株沟施复合肥500克，沟施深度15~20厘米。

第二编　常绿阔叶树种

福建省建瓯市水西林场木荷基地

十八、细柄蕈树

1 树种特性与应用价值

细柄蕈树（*Altingia gracilipes* Hemsl.），别名细柄阿丁枫、细叶枫，为金缕梅科（Hamamelidaceae）蕈树属（*Altingia*）常绿乔木，高达25米。分布于我国东南各地，尤其是浙西南山区海拔600米以下的常绿阔叶林有野生，为优良的乡土速生树种。其树体高大，生长快，木材坚重，纹理致密，可供建筑或制家具，也可提取蕈香油；树脂供药用和香料用；木材

细柄蕈树

供建筑家具用，又是良好的食用菌原料，开展细柄蕈树人工栽培有广泛的前景。

② 栽培技术要点

品种选择 细柄蕈树具有较强的适应性，不同种源和家系间的生长状况研究尚缺，但在种源、家系间存在丰富变异。浙江南部的松阳、遂昌和龙泉种源树体高大，树冠整齐，耐寒性好，适于珍贵用材林培育用种。

立地选择 细柄蕈树对立地条件要求中等，性喜温暖湿润，对土壤要求并不十分严格，只要湿度相宜，即使在岩石裸露、土壤较浅薄的山坡地生长也很正常，还能扎根于石隙中。浙江南部海拔600米以下山坡的中、下部，具有50厘米以上厚度土层的采伐迹地、多代杉木采伐迹地或多代杉木萌芽林地等均可以造林。

栽培模式 细柄蕈树幼龄较耐阴，山地造林密度根据不同造林目的而异。营造用材林的初植密度可大些，一般栽植3000～3500株/公顷，以后逐步间伐；营造薪炭林或食用菌原料可略小些，一般为2500～3000株/公顷，以便利用其侧枝发达的特性多获薪材或食用菌材。细柄蕈树可进行冠下造林、生态林补植造林和杉木、马尾松低产林改造，其套种的密度视针叶林生长情况而定，低产针叶林密度大，可先行强度间伐，细柄蕈树套种的株数可多些；若密度较小，可直接在林冠下套种细柄蕈树。

种苗规格 山地营建细柄蕈树珍贵用材林需选择2年生容器苗，要求苗高超过60厘米、地径1.2厘米以上的优质苗；作为城镇园林绿化用苗，宜选用4～5年生以上容器大苗，或采用米径超过10厘米的绿化地栽大苗（树）需带土球移栽。

种植技术 山地造林，种植穴规格为50厘米×50厘米×40厘米。在冠下造林可采用规格为50厘米×50厘米×30厘米的暗穴，施基肥（复合肥0.1～0.2千克/穴），2—6月、10—12月均可用容器苗造林，成活率可达95%，且当年树高生长量可达50厘米以上；作为绿化观赏树种栽培，挖穴大小依苗木规格而定，施足基肥，移栽时去除50%～60%的小枝叶以减少水分蒸发。

抚育管理 细柄蕈树的侧枝发达，自然整枝较差，且生长速生期较早，为促进幼林生长，应加强管理，造林后头3年每年除草松土2次，以后至林分郁闭前每年1次；若以培育商品材为目的，幼林郁闭后要适当修剪侧枝和多余的萌条，以促进主干生长，修枝时间从秋到早春均可进行。为调整合理的生长空间，促进幼林的正常生长，需适时进行间伐，一般幼林郁闭后第4～5年进行1次间伐，强度视造林目的和树种组成而定，首先伐除混交树种，保留细柄蕈树450株/公顷以培育高值大径材。园林绿化种植抚育管理时，修枝要注意保留树冠枝叶以防树干日灼，并加强水肥管理。

第二编 常绿阔叶树种

典型案例

丽水市庆元县实验林场细柄蕈树

第三编

落叶阔叶树种

一、檫木

1 树种特性与应用价值

檫木[*Sassafras tzumu*(Hemsl.)Hemsl.]又名檫树、黄楸木、桐梓树等,是樟科檫木属多年生落叶大乔木。主要分布于长江以南各地;浙江各地均有其天然林分布,省内各地都有人工栽培。具深根性,萌芽力强,生长速度快,常生于海拔150~1900米的疏林或密林中。木材浅黄色,材质优良,纵切面花纹明显且美观,耐腐有香气,是木地板、古典家具、装饰、造船等的上等用材,被称为"南榆木";其根、叶、树皮可入药,具有活血散淤、祛风去湿之功效;其果、叶和根中含有大量油性细胞,可用于提取芳香油,是重要的香料资源。树形高大挺直,干形圆满,先花后叶,是优良的珍贵彩色树种,是浙江省"珍贵彩色森林建设""新植一亿株珍贵树种"和"一村万树"等行动主推树种之一,也可孤植或片植于庭院、公园等。

檫 木

② 栽培技术要点

品种选择 檫木适应性好,浙北、浙东种源生长较快,适于全省营建珍贵用材林以及人工林和次生林彩化改造。余杭檫木母树林良种适宜在浙江省内各地种植发展。

立地选择 檫木喜温暖湿润的气候,怕积水和土壤板结,适合种植在土层深厚且排水良好的酸性红壤或黄壤中,造林一般选择海拔600米以下的向阳坡。

栽培模式 纯林造林:檫木生长快,叶大柄长,侧枝横展,栽植株行距可为2米×3米或3米×4米。混交造林:可与杉木、鹅掌楸、木荷、楠木、含笑等混交,檫木:杉木以1:3行间混交;杉木萌芽林中以檫木不超过30株/亩的密度进行造林;檫木与楠木、含笑等树种混交,初植密度60~80株/亩,其他树种初植密度60~80株/亩。次生林彩化改造:在林分改造之前,进行林下抚育形成林隙,然后在林隙和林缘补植,栽培密度20~30株/亩。

种苗规格 采用1年生大田苗上山造林,要求苗高1.0米以上,地径1.0厘米以上,无病虫害、生长健壮、木质化程度高、根系完整的优质壮苗。

种植技术 采用块状整地,种植穴规格为50厘米×50厘米×40厘米,表土回穴。在冬季或春季造林,选择雨前或小雨天用1年生实生壮苗造林。栽植时要做到苗根舒展,覆土细致,回填土踏实。

抚育管理 檫树幼林生长迅速,一般3~5年即可郁闭成林。栽植当年抚育2次，第1次松土、除草应在6月进行；第2次应在8—9月进行。造林后1~2年内，可以间种豆类和绿肥，以耕代抚，抚育时应做到补植、除萌、扶正培土等。当郁闭度达0.7以上，可分1~2次间伐抚育，适当调整密度，但切忌整枝。不间作的林分，务必坚持3~5年的抚育，当幼林郁闭时，出现自然整枝现象，要本着留优去劣、留稀去密和分布均匀的原则，分1~2次间伐，最后每亩保留30~40株。在有条件的地方，为了促进林木迅速成材，应进行施肥，肥料以N、P肥混施为好。切忌人工打枝，以避免树干日灼或心腐。

杭州市富阳区富春街道檫木基地

二、榉树

① 树种特性与应用价值

榉树[*Zelkova serrata* (Thunb.) Makino]，又名大叶榉，是榆科榉属的落叶乔木树种，国家二级重点保护植物。分布于我国甘肃、陕西、湖北西南部、湖南、四川、云南、贵州、山东、安徽、台湾、浙江、辽宁南部、江苏等地有栽培。榉树系阳性树种，喜光，喜温暖环境，深根性，侧根广展，抗风力强，忌积水，不耐干旱和贫瘠。叶秋季变色，有黄色系和红色系两个品系。榉树树姿端庄，高大雄伟，秋叶变成褐红色，是观赏秋叶的优良树种。生长中等，材质优良，

榉树

是珍贵的硬叶阔叶树种。

❷ 栽培技术要点

立地选择 榉树的造林地应选择海拔500米以下之山地、平原，对土壤的适应性强，酸性、中性、碱性土及轻度盐碱土均可，土层深厚、疏松、肥沃的土壤为佳。山地成片造林时可选山麓、山谷或其他地势较平缓之处；城镇绿化如土壤不良时，可采用客土栽植。

栽培模式 榉树可纯林造林，初植密度100株/亩；也可混交造林，可与榆树、木荷、杉木等树种营造阔叶混交林、落叶常绿阔叶混交林和针阔混交林，混交时榉树与伴生树种的混交比例宜为1∶2或1∶1，适用于低山缓坡地营造珍贵用材林、景观林、水源涵养林等；平原绿化可行植或孤植或丛状栽培。

种苗规格 山地造林一般可采用裸根苗，1年生实生苗或扦插苗，苗高120厘米、地径1.0厘米以上，无分叉。城镇绿化用苗宜选用5年生以上容器大苗或米径5厘米以上规格土球大苗。

栽植技术 初植密度为2米×2米或2米×3米，适当密植可抑制侧枝生长，有利高生长，以培育通直干形。经间伐后，密度可达4米×4米或4米×3米，可以培育大径材。城镇绿化的行道树栽植密度通常为4米×4米或4米×6米。山地造林种植穴规格为50厘米×50厘米×40厘米；城镇绿化大苗则种植穴规格为80厘米×80厘米×60厘米。

栽植时间宜在立春前后进行。营造混交林时应隔株栽培，以便间伐后形成纯林，栽植后浇透水，封土保湿。城镇绿化的大苗还要撑竿防摇摆。

抚育管理 造林后前3年，每年均应进行两次锄草松土，并逐步扩穴通带，时间分别在4—5月和8—9月进行。有条件的地方应做到适当施肥和深翻，以后每年锄草1次，直至林分郁闭。

丽水市云和县重河湾榉树基地

三、毛红椿

1 树种特性与应用价值

毛红椿（*Toona ciliata* var. *pubescens*）属楝科（Meliaceae）香椿属（*Toona* Roem.），落叶高大乔木，为我国特有用材树种，属国家二级保护的珍贵树种。主要分布于浙江、福建、江西、湖南、湖北、四川、安徽、贵州、两广、云南、陕西等地，以浙江、福建和四川等地栽培最多；浙江省见于普陀、仙居、开化、遂昌、松阳、龙泉、庆元、永嘉和磐安等地，散生或小片状分布于海拔100～800米的常绿落叶阔叶混交林中。树干通直圆满，生长迅速，木材边材白色至浅

毛红椿

红,心材淡红色至赭红色,花纹美观、纹理直、结构细、易干燥加工、刨面光滑、耐腐性好,是建筑、家具、装饰单板、工艺品的上等用材。生长迅速是培育速生大径级高档材的优良树种。树姿挺拔,秋色叶树种,树冠舒展,用于庭院、通道、田边、水岸等四旁绿化、风景区、公园和城镇绿化。适宜浙西中低山、浙南山地、浙东沿海丘陵海岛等林业发展区。

② 栽培技术要点

立地选择 毛红椿造林地宜选择在低山阳坡下部及阳光充足的沟谷地段、缓坡及平地,酸性至中性壤土或沙壤土,要求土层深厚、肥沃、湿润、排水良好。在干旱瘠薄或石砾含量高的山地上生长不良。

栽培模式 毛红椿可造纯林,喜光、宽冠但分枝稀疏,需要较大生长空间维持速生,为发挥幼林期自然整枝效应,可适度密植,株行距一般为2米×2米或2米×3米,110~167株/亩,后期再行间伐。也可采用混交造林,较常见的模式是毛红椿在杉木迹地中种植,幼林密度167株/亩,即保留1代杉木萌芽条100株/亩左右,新种植椿树67株/亩左右。新建混交林株行距为2.0米×2.0米或2.0米×2.5米,混交树种以杉木、湿地松等针叶树种为主,也可与楠木、红豆杉、深山含笑和青冈等常绿树种混交;混交模式可以采用带状和星状混交,其中带状混交毛红椿与其他树种混交比例为1∶1~1∶2;星状混交毛红椿密度控制在30~50株/亩。

种苗规格　山地营建人工纯林或椿茶套种，宜采用1年生容器苗或1～2年生裸根苗造林，容器苗要求苗高超过60厘米、地径0.6厘米以上，裸根苗要求苗高超过100厘米、地径1.0厘米以上；作为四旁绿化用苗，宜选用3～5年生以上大苗，胸径超过5厘米的大苗需带土球移栽。

种植技术　造林地一般在10—12月进行清理，采用带状或块状或穴状清理。12月落叶后至次年3月发芽前均可造林，以冬季为佳，容器苗可适当延后，造林最好选择在阴雨天或雨后土壤湿润时，尽量做到随起随栽。种植穴规格为50厘米×50厘米×40厘米，每穴施磷肥100克作基肥。栽植时，需正苗、覆土至根径处、踏实、压紧，裸根苗根系要舒展，容器苗，植栽时要小心地去除容器，以保证取出的营养土和苗木不分散。作为四旁绿化造林时，根据苗木规格确定挖穴大小，栽植后进行支撑。

抚育管理　栽植后头3年要加强抚育管护工作。1年抚育2次，第1次在5—6月，中耕除草、培土护苗及施肥，施用复合肥0.5千克/株左右，造林当年施基肥的，追肥可以从第2年开始；第2次在8—9月，清除林地杂草。注意病虫害防治。7～10年生时进行第1次间伐，伐除部分伴生树种及生长不正常的被压木等，间伐强度30%～50%，保留60～100株/亩。

主要 速生与珍贵树种 生态栽培技术

典型案例

台州市仙居县湫山乡毛红椿基地

四、香椿

1 树种特性与应用价值

香椿（*Toona sinensis*）属楝科（Meliaceae）香椿属（*Toona* Roem.）落叶乔木，是珍贵的速生用材经济树种。分布广泛，主要分布于我国华北、华东、中部、南部和西南部各地，多生于山地疏林中和四旁；以山东、安徽、陕西、四川、贵州和湖北等地栽培最多。兼具材用、食用、药用、文化和保护价值，木材呈黄褐色且具红色环带，纹理美丽，质坚硬，有光泽且有独特香气，为上等的家具、装饰、乐器等用材，被誉为"中国桃花心木"。香椿嫩芽可作蔬菜，在我国有悠久的食用历史。

香　椿

② 栽培技术要点

品种选择　香椿的品种较多，分为紫香椿和绿香椿两类。从食用用途来看，紫香椿较优于绿香椿，紫香椿含油脂比绿香椿多，纤维较少，鲜嫩可口，可作为材蔬两用的经济林进行培育。紫香椿中常见的优秀品种有'红油椿''黑油椿''焦作红香椿'等。

立地选择　香椿在酸性、中性和石灰质土均能生长，但在特别干旱瘠薄的山地上生长不良。宜选择地势较平缓、土层深厚以及水肥条件较好的山地阳坡中下坡位、沟边、四旁地、平原绿化地等。

栽培模式　可造纯林或混交林。纯林种植可适度密植，提早郁闭，株行距一般为2米×2米或2米×3米，110~167株/亩，后期再行间伐。混交造林较常见的模式是椿树在杉木迹地中种植，幼林密度167株/亩，即保留1代杉木萌芽条100株/亩左右，新种植椿树67株/亩左右。新建混交林株行距为2.0米×2.0米或2.0米×2.5米，混交树种以杉木、湿地松和柏木等针叶树种为主，也可与楠木、木荷、红豆树、深山含笑和青冈等常绿树种混交；混交模式可以采用带状和星状混交，其中带状混交椿树与其他树种混交比例为1∶3~1∶5；星状混交椿树密度控制在30~50株/亩。香椿冠幅小、枝叶不浓密，椿茶套种时椿树不但起到遮阴作用，而且可以提高茶叶品质。椿树种植密度控制在10株/亩左右。

种苗规格 山地营建人工林或椿茶套种，宜采用1年生容器苗或1~2年生裸根苗造林，容器苗要求苗高超过60厘米、地径0.6厘米以上，裸根苗要求苗高超过100厘米、地径1.0厘米以上；作为四旁绿化用苗，宜选用3~5年生以上大苗，胸径超过5厘米的大苗需带土球移栽。

种植技术 造林地一般在10—12月进行清理，采用带状或块状或穴状清理。穴状整地造林应尽量连成带状或小带，种植穴规格为50厘米×50厘米×40厘米。造林前30天左右，回填表土，同时每穴施磷肥100克。12月椿树落叶后至第2年3月发芽前均可造林，尽量做到随起随栽。栽植时，需正苗、覆土至根径处、踏实、压紧。作为四旁绿化造林时，根据苗木规格确定挖穴大小，栽植后进行支撑。

抚育管理 栽植后1~3年为幼林期，1年抚育2次，第1次在5—6月，中耕除草及施肥，施用复合肥0.5千克/株左右。第2次在8—9月，清除林地杂草。注意病虫害防治。7~10年生时进行第1次间伐，伐除部分伴生树种及生长不正常的被压木等，间伐强度30%~50%，保留60~100株/亩。造林后要及时做好除草、浇水、施肥工作。在香椿树枝开始发芽的时候，要注意摘掉顶芽以防止树木生长过高，营养无法供给枝干。造林后的20~30天，需要检查幼苗成活率，发现有幼苗枯死时要及时补植。补植分为当年补植和次年补植，当年补植需要选择与造林时相同规格的幼苗，第2年进行补植则需要选用大苗，以保证存活率。

 主要 速生与珍贵树种 生态栽培技术

在夏季对香椿进行除草、松土工作。要及时清理林地内的杂草和其他植物，通常每年除草2～6次。松土的次数要根据林地具体情况决定，且松土要随着树干的生长来相应加深，以有效防止土壤结块。注意要在春夏两季生长期及时做好追肥工作。

 典型案例

衢州市开化县林场香椿基地

五、光皮桦

1 树种特性与应用价值

光皮桦（*Betula luminifera* H. Winkl）为桦木科（Betulaceae）桦木属（*Betula*）落叶高大乔木，是我国特有的珍贵速生用材树种和生态修复造林先锋树种。天然分布于秦岭、淮河流域以南地区海拔250～2400米的山地以及500～1800米的阳坡次生混交林中。光皮桦适应性强，生长快、材质优良、用途广，喜温暖湿润气候及肥沃酸性土壤，耐干旱瘠薄，耐寒冷。光皮桦生长迅速，树干通直圆满，出材率高。材质细致坚韧、耐磨，切面光滑，纹理美观，是制作实木地板、高档家具、军工器械的优质用材；也可用于造纸；树皮含芳香油和鞣质，可用于化妆品、食品添加剂和提制烤胶；枝丫是生产黑木耳最好的材料。

光皮桦

2 栽培技术要点

品种选择 光皮桦适应性强，在地理种源与家系间生长量存在极其丰富的变异，造林应选择生长优良的家系（如'浙选光皮桦家系200564'）良种或从优良家系中选择的优株无性系。

立地选择 可在浙江各地海拔1500米以下山地造林，但以土层深厚、有机质含量高的中下坡生长最优。

栽培模式 光皮桦人工造林需营建混交林。尤其适用于松杉迹地更新、宜林荒山造林以及低产低效林珍贵化改造等，常用有两类模式：一是光皮桦与针叶树混交模式。如桦杉混交林，多用于杉木采伐迹地更新，一般保留杉木萌条60~90株/亩，种植光皮桦半年生优良容器苗，自然式混交种植或成行种植，3~4年林分即郁闭，无明显病虫害；二是光皮桦与常绿阔叶树混交模式。如桦楠混交林，选择立地条件较好的杉木采伐迹地，用于营建光皮桦与楠木、红豆树混交珍贵树种用材林，属浙江省珍贵树种基地建设的最佳模式之一。造林密度以控制在133株/亩（2米×2.5米）为宜，其中光皮桦70株/亩，均匀混交种植。

种苗规格 山地营建光皮桦人工林需选择半年生或一年生，苗高50厘米、地径0.6厘米以上的优质容器苗。

种植技术 山地造林需带状或块状整地，种植穴规格为40厘米×40厘米×30厘米，春季长叶前种植，在4—5月种植需将容器苗进行冷库贮存以保持不发芽，成活率可达90%以上，且当年高生长量可达30~150厘米。

抚育管理 造林后3年内，每年抚育2次，第1次在5月至6月中旬，第2次在9—10月，作业时做到不伤苗、不盖苗。造林当年的第1次抚育割除穴内杂草灌,将苗木扶正、培土,第2次进行扩穴抚育,结合松土去除杂灌草;第2～3年,第1次扩穴抚育,增施复合肥加尿素(按1∶1,50～100克/株),去除杂灌草,第2次抚育主要是割除林地杂草、杂灌。当林分郁闭度达到0.9以上,即可开始间伐,先伐除速生混交树种或生长不良的光皮桦单株,间伐保留60～70株/亩以培育大径材。

丽水市遂昌县光皮桦基地

六、杂交鹅掌楸

1 树种特性与应用价值

杂交鹅掌楸（*Liriodendron×sinoamericanum*）为木兰科（Magnoliaceae）鹅掌楸属（*Liriodendron*）落叶大乔木，是以我国鹅掌楸与北美鹅掌楸人工杂交选育的杂交品种。主干通直高大，叶形似马褂。杂交种适应性优于两个原种，适于长江流域以南地区栽培，也能用于黄河流域的部分地区以及北京作为园林绿化栽植。系速生珍贵用材与城镇园林观赏树种，生长迅速，具有抗烟尘、抗二氧化硫能力强、无病虫害等生长优势，木材淡红褐色均一、纹理结构细致，韧性好且易加工，少变形，属大径材，是高档家具的优质用材；夏季枝繁叶茂，冠大浓郁、绿荫如盖，秋季叶变金黄，冬季落叶迟，是重要的彩叶树种，可广泛应用于庭院、公园、道路及厂区绿化。

杂交鹅掌楸

2 栽培技术要点

品种选择 山地营造人工林或绿化观赏栽培需应用经国家或省审定的优良品种,如'浙选优良家系20025'或浙江安吉龙山杂交鹅掌楸种子园种子等。

立地选择 杂交鹅掌楸适应性广,培育50厘米以上的大径材鹅掌楸珍贵用材宜选择中、下坡,沟谷两侧或河边台地等土壤深厚、肥沃的山地造林,或选择土壤深厚的平原地种植。作为园林绿化栽培,宜选择土层深厚、排水良好的中性或微酸性土壤。

栽培模式 作为珍贵大径材用材林栽培,宜选用混交造林模式,初植密度100株/亩左右。可使用大块状、行间或株间混交,按1∶1混交比例配置。混交树种有杉木、杂交松等工业速生用材树种或闽楠、浙江楠、江南油杉、赤皮青冈等常绿阔叶树种。

种苗规格 营建用材林宜选用1年生容器苗,要求苗高80厘米、地径1.0厘米以上;作为城镇园林绿化用苗,宜选用3年生以上容器大苗或米径5厘米以上规格土球大苗。移栽米径10厘米以上的大树(苗),需提前一年经截根处理,以增加伐层的侧根数量。

种植技术 山地造林需清理杂灌,带状、块状或穴状整地,种植穴规格为50厘米×50厘米×40厘米,施基肥(复合肥0.2~0.25千克/穴)。适宜晚秋落叶后至春季长叶前栽植,容器苗造林可适当延后;作为绿化观赏树种栽培,挖穴大小依苗木规格而定，施足基肥，强化水肥管理；非落叶期移栽时，需摘除50%以上的小枝、叶片以减少水分蒸发，并适度遮阴以促进成活。

抚育管理　用材林抚育需每年5—6月和9—10月割灌除草各1次，每年加施1次复合肥或复合肥加尿素（1∶1）0.2～0.25千克/株，连续抚育3年。当林分郁闭度达0.9以上，或自然整枝约占树冠1/3时开始间伐。首先伐除混交树种和生长不良的目标植株，保留杂交鹅掌楸与混交珍贵树种60株/亩以培育大径材。四旁绿化栽培应加强水肥管理，适时修枝，以形成优美的树形。

湖州市安吉县龙山林场杂交鹅掌楸基地

七、枫香树

1 树种特性与应用价值

枫香树（*Liquidambar formosana* Hance.）隶属金缕梅科（Hamamelidaceae）枫香树属（*Liquidambar*），产于我国秦岭－淮河以南各地，生于海拔1000米以下山地、山谷、山麓、丘陵和平原。树形高大，叶形独特，春季新叶鲜红或嫩黄，深秋叶色红艳或金黄，是乡土彩叶树种。其对土壤要求不严，适应性强，栽植广，生长较快，寿命较长，有一定耐火性，是造林的先锋树种和优势树种，也可用于城市绿化隔离带和道路周边绿化等。其材质坚实，纹理美观，旋切性能好，耐腐耐虫、耐火抗压，是优良的建筑、工艺材、装饰用材和工业原料用材；下脚料、干和枝被粉碎为碎屑后为栽培木耳和香菇菌棒的首选原料。树脂药用，可解毒止痛，止血生肌；根、叶和果实入药，有祛风除湿、通络活血的功效。

枫香树

2 栽培技术要点

品种选择 枫香树适应性强,品种较少。多数品种抗风、抗寒、抗有毒气体、耐火、耐干旱瘠薄、耐热、耐水湿,但不耐水涝,耐盐碱性低,不耐移植及修剪。目前已育出的多为观赏枫香树新品种,如常色叶新品种'云林紫枫''福禄紫枫1号''尚德''荣兴'等叶色常年紫色;'金钰'春季叶色金黄;'彩红''彩紫''南林红''国庆''玲珑''夏红'等新品种也相继育出。

立地选择 枫香树对立地条件要求不严,海拔100～1000米以下的荒山和采伐迹地均可造林,一般选择微酸性至中性土壤、土壤肥沃、疏松、不积水的向阳背风平地、丘陵和山地进行人工栽植。

栽培模式 在海拔500米以上的低山区,可营造小片纯林,采用穴状整地,株行距2米×2米,造林密度2500株/公顷;在海拔500米以下的丘陵地区营造用材林基地,可与杉木、木荷等混交,混交方式为带状或块状;风景名胜区的枫香树观赏林可采用点状、环状、带状混交,亦可块状栽植,初植密度1250～1650株/公顷,株行距2米×3米或2米×4米。

种苗规格 落叶后到第2年3月均可栽植。宜选择1～2年生裸根苗或容器苗(Ⅰ级苗),苗高100厘米、地径1厘米以上,生长健壮、根系完整、无病虫害,于2—3月造林。作为城镇园林绿化用苗,可选用大规格容器苗或米径5～10厘米的绿化地栽规格土球大苗(树)移栽,可采用新品种。

种植技术 山地造林需整地,一般在秋冬季进行,根据造林地立地条件和造林目的,采用块状或带状清理杂灌草,穴状整地,"品"字形挖穴,种植穴规格为50厘米×50厘米×40厘米。栽植时截断过长主根,做到苗正、根舒、压实,可采用"三埋、二踩、一提苗"的方法,将苗木放入栽植穴中央,回填土盖住苗根(一埋);往上轻提枫香树苗,以避免窝根(一提苗);覆土踩实(一踩);回填表土,至与地面平齐(二埋);再踩紧(二踩);在苗木基部再盖一层松土(三埋)。当天未栽完的苗木要及时假植。

抚育管理 造林后连续4年抚育,前3年生长较慢,每年幼抚2次(5—6月、8—9月),第4年1次(8—9月)。抚育时对幼林除草松土,适时施肥。每年11—12月适当修剪枝条,以促进干形通直。正常抚育管理下3~4年即可郁闭成林。

杭州淳安县千岛湖枫香树基地

八、黄山栾

1 树种特性与应用价值

黄山栾（*Koelreuteria bipinnata*）又名灯笼树，黑色叶树，属无患子科（Sapindaceae）栾树属（*Koelreuteria*）。其树形高大而端正，枝叶茂密而秀丽，春季红叶似醉，夏季黄花满树，秋叶鲜黄，入秋丹果盈树，均极艳丽，是极为美丽的行道观赏树种。特别是到10月，红色果实硕果累累，形似灯笼，挂满枝头，为城市秋季园林增添了诸多行道美景。栾树树冠圆球形或伞形，适于庭园、池畔及路旁或草地中栽植，也可用作防护林，水土保持及荒山树种。种子含油，可制润滑油及肥皂，花可供药用及制作黄色染料。叶可作染料，木材较脆，

黄山栾

第三编　落叶阔叶树种

适做家具、器具等。

2 栽培技术要点

品种选择　黄山栾主要在我国亚热带地区的低山、丘陵地区自然分布较广，目前已知黄山栾变种有锦华栾、金焰彩栾。

立地选择　黄山栾树为亚热带树种。亚热带的温暖湿润气候、土壤以及光照等生态环境最适宜，耐寒性较强，幼苗、幼树在－10～－9℃时有冻梢现象发生。喜光，幼年有一定的耐阴性，天然更新能力强，大树下面种子发芽成苗很多。对于土壤要求不严，喜生于石灰质土壤，在酸性山地黄壤中也能生长，在立地条件适宜、土层深厚肥沃的情况下生长迅速。

栽培模式　黄山栾作为落叶、彩叶树种一般以行道绿化为主，也可与其他常绿树种混交，形成常绿景观。

种苗规格　行道树用苗要求主干通直，第一分枝高度为2.5～3.5米，树冠完整丰满，枝条分布均匀、开展。庭荫树要求树冠庞大、密集，第一分枝高度比行道树低。一年生苗高达2.5米以上，地径3～4厘米以上，可以出圃进行城市园林绿化。

种植技术　整地一般在秋、冬季进行。挖掘平整结束后，根据预期培育苗木的大小选择合适的株行距进行打点挖穴。定植穴规格为50厘米×50厘米×40厘米，栽植前15天开始回填穴土，首次回填30厘米后每穴均匀撒施复合肥100～150克。

再次将定植穴填平，培土高度略高于地表。移栽胸径15厘米以上的大树，应带土球移植。土球直径根据移植时间、胸径大小、树冠修剪强度来确定。11月至次年4月移植胸径15~20厘米、带三级分枝的黄山栾树土球直径为1.2~1.6米，胸径20~30厘米的大树土球直径为1.6~2.0米。其他时间移植可适当增加土球直径和厚度。在每年的11—12月中旬以及2月中旬至3月上旬是最适栽植时间，带1~2级分枝移植的黄山栾树大树可以带护心土裸根移植。栽植黄山栾大树通常采用机械移栽。栽植时挖掘机按土球直径的1.5倍挖栽植穴，深度为1.5米。回填种植土至地面距离为土球高度的1/2时用吊车或大型挖掘机将大树吊入树穴，立即进行固定，然后培土至接近低于地面时再浇水捣实，以防土球下沉出现空洞。最后填土将整个土球覆盖并用地膜进行地面覆盖。

抚育管理 造林后郁闭前，每年都需进行抚育管理。抚育管理包括整形修剪、除草、虫害防治等。修剪措施，一般可在冬季或移植时进行。修剪做到树冠近圆球形，树形端正，一般采用自然式树形。因用途不同，其整形要求也有所差异。黄山栾虫害包括栾树蚜虫、枣龟蜡介等，其中栾树蚜虫防治方法包括剪掉虫害枝条、喷洒吡虫啉等药剂，枣龟蜡介可通过刮除越冬雌成虫、喷洒氧化乐果等药剂。

第三编 落叶阔叶树种

杭州市江干区黄山栾基地

九、乌桕

1 树种特性与应用价值

乌桕［*Triadica sebifera*（Linnaeus）Small］属大戟科（Euphorbiaceae）乌桕属（*Triadica*）落叶乔木。广泛分布于我国热带、亚热带地区，主要栽培区为长江流域及其以南各地。乌桕速生，适应性强，喜生于旷野、岸边和疏林中，耐湿也耐旱，对土壤要求不严，沙质到黏质质地，酸性、中性和微碱性土壤上均能生长。乌桕是我国传统的木本油料树种，种子可转化为生物柴油；树冠圆整，树形优美，可作为行道树，秋季叶色呈红、黄、紫、橙等多种颜色，冬季白色的乌桕籽挂满枝头，经久不落，是重要的乡土观赏彩叶树种。

乌 桕

2 栽培技术要点

品种选择 乌桕作为彩叶树种，因叶色鲜艳、观赏期长、树冠浓密和干形通直等优良性状已开始应用于彩色森林、通道彩化、城镇绿化等。省林木良种'浦红柏'可规模化推广应用，'红紫佳人''绚丽和山''浦大紫'和'黄金甲'等新品种可结合试验示范进行栽培利用。

立地选择 海拔800米以下，土壤深厚、向阳的坡地或疏林地、林缘，道路两侧、河堤、岸堤、土壤含盐量低于0.3%的沿海滩涂。

栽培模式 山地补植营造彩色森林时，补植密度控制在10～40株/亩，在松杉针叶中龄林林分补植时，需保留针叶树50～80株/亩。通道彩化可采用纯林或乌桕与常绿树种1∶1混交的模式，视通道与河流岸堤的宽度，种植1行至若干行乌桕，株距6米或株行距6米×6米。山地纯林造林的，株行距3米×4米，可与部分药材套种，上层种植乌桕，下层套种灵芝、天麻等耐阴药材。在含盐量0.3%以下沿海滩涂栽培绿化后可在林带内套种绿肥，防止返盐和杂草生长。乌桕园林绿化苗木培育模式需根据苗木规格确定株行距。

种苗规格 山地营建彩色森林和滩涂绿化选用胸径3厘米、高度2米以上且有2～3个一级分枝的优质苗木，所带土球直径20厘米以上。为快速达到景观效果，通道彩化模式造林苗木选用胸径5～10厘米、枝下高2.5米以上、树干通直且一级分枝粗壮的大规格苗木，带规格土球。品种化的园林绿化苗木培育需定植实生砧木，砧木选用省调控苗圃二类苗以上或胸径2.0厘米左右、带土球的2年生苗。

种植技术 种植季节为落叶后进入休眠期至次年3月中旬。山地造林种植穴规格在80厘米×80厘米×60厘米以上，每穴底施土杂肥2.5千克，回表土5厘米以上；乌桕通道彩化、城镇绿化按苗木规格挖穴，每穴底施土杂肥5千克，回表土10厘米以上。滩涂绿化模式在造林前需在林带两侧开排水沟，以降低地下水位，促进土壤淋盐。绿化苗木培育在砧木定植后需在3月中旬至4月上旬进行品种化嫁接改造。栽植时最好带土球移植，随起苗随包装，及时运输、栽植。栽植前修根，栽植时苗木要扶正，保持根系舒展，踏实穴土。栽植深度应超过原地径处3～5厘米。

抚育管理 造林后必须进行连续3年的抚育。造林后每年分别于5月和10月进行松土除草。结合抚育，剪除过多的侧枝新梢，促进主干生长。园林绿化苗木在嫁接后及时抹除砧木上的萌蘖，视接口愈合及植株生长情况适时解除捆扎塑料条，其他田间管理措施正常进行。

第三编 落叶阔叶树种

杭州市余杭区长乐林场乌桕基地

十、银杏

1 树种特性与应用价值

银杏（*Ginkgo biloba* L.）属裸子植物门（Gymnospemae）银杏科（Ginkgoaceae）银杏属（*Ginkgo* L.）单属单种植物。原产我国。银杏是落叶乔木，其树干耸直，高大挺拔，其叶形似扇面，春夏翠绿，深秋满树金黄，被誉为世界四大园林树木之一，是我国重要的经济树种。银杏种核又称白果，其种仁营养丰

银 杏

富，是上好的保健食品，也是一味传统的中药。银杏叶富含萜内脂和黄酮类化合物，对心脑血管等疾病有良好的治疗效果。

❷ 栽培技术要点

品种选择 20世纪90年代，由于白果价格昂贵，多以种植嫁接的银杏雌株为主，且选育出了众多果用品种，如久负盛名的'七星果'和'洞庭皇'等大佛指类品种。根据银杏种实和种核形状特征的不同，何凤仁在《中国果树志·银杏卷》提出将银杏分为长子、佛指、马铃、梅核和圆子这五大类，此书记载了46个品种，浙江省主栽品种（类别）为佛手（指）类，其次为梅核类。

进入21世纪，由于白果价格长期低迷，种植银杏的目的逐渐转向街道绿化、庭院美化和农田防护以及森林彩化等，这时品种选择就不再那么紧迫，出于观赏性，选择银杏优良实生单株特别是优良雄株显得尤为必要。

立地选择 银杏喜阳、耐旱、耐瘠薄，不耐涝渍，其根系分布深而广，栽植银杏对土壤要求不高，最好选择向阳坡面，且土层深厚地下水位较低的地方，平原种植需深挖排水沟，防止涝渍。

栽培模式 银杏幼树（10年生以内）冠幅不大，平原和缓坡地区种植银杏纯林可以适当密植，株行距控制在4米×3米或5米×3米，在挂果后逐渐移成6米×4米或6米×5米的株行距；银杏可作为农田防护树种植，也可与粮食和蔬菜作物套种。

如若上山造林,银杏可与常绿阔叶树种混种,也可以与马尾松和杉木等针叶树种混种,银杏喜阳,与常绿树种混种时需保留较大的株行距(6米×4米或6米×5米),利于银杏生长。

种苗规格 相对其他常见造林树种,银杏幼苗期生长极为缓慢,故3年生及以下银杏裸根苗不适宜于上山造林,当然容器苗可以适当放宽苗龄。

种植技术 银杏裸根苗上山造林前需对根系进行"打浆",即剪除部分突出须根,保留主根,然后将根系放到稀泥中,待根系蘸满泥浆后再放入栽植穴中填土扶正,这样根系不易脱水;容器苗造林无须此步骤。

抚育管理 根据造林目的的不同采取不同的抚育措施,以果用银杏幼林纯林为例列举常用抚育模式。

除草:银杏幼林每年中耕结合除草4~5次,采用全面松土除草的方式,松土可遵循以下原则:里浅外深;树小浅松,树大深松;砂土浅松,黏土深松;土湿浅松,土干深松;一般松土除草的深度为5~15厘米。

施肥:曾有银杏果农总结出"两长一养"的施肥要领,"两长一养"即长叶肥、长果(结实)肥和养体肥,长叶肥和长果肥为追肥,多以有机肥为主,长叶肥多在早春三月即谷雨前后施;结实肥多在7月前施用,以速效肥为好;养体肥多施于9月以后,以腐熟的有机肥为主,其目的是加强树体营养,为次年的丰产奠定良好基础。

整形修剪：果用银杏需整形修剪以提高坐实率和白果产量，其他造林目的银杏实生苗除了个别畸形单株，无须刻意修剪。

2015年3月起至2017年4月，先后在浙江物产长乐实业有限公司缸窑林区嫁接银杏无性系117份，最终存活112份，每份1~6株；2018年1月，在该公司国家级杉木、火炬松良种基地整地30余亩，规划银杏种质资源圃，按4米×3米的株行距布置种植穴。2018年3月，挖取缸窑林区嫁接裸根苗110个无性系，共计300余株，造林前先将裸根苗根系打浆，然后按无性系编号摆放，与浙江楠混交造林。2019年3月调查统计造林存活率，发现银杏嫁接苗存活率为75%左右。

湖州市长兴县煤山镇名圃苗木场银杏基地

十一、黄檀

1 树种特性与应用价值

黄檀（*Dalbergia hupeana* Hance）属豆科（Leguminosae）黄檀属（*Dalbergia*）落叶乔木，高可达20米。天然分布于长江流域及以南各地，浙江各地山区常见。黄檀木材黄白色或淡黄褐色，心边材区别不明显，结构细密，材质硬重致密，切面光滑，材色美观悦目，耐冲击、不易磨损、富于弹性，是实木家具、运动器械、木制玩具、工艺雕刻的优良用材。黄檀对环境适应性强，耐干旱、贫瘠，根系发达且具固氮作用，有较好的固土能力，是适宜发展的珍贵树种与荒山造林的先锋树种。

黄 檀

② 栽培技术要点

品种选择 黄檀天然分布广，适应性很强，在种源间及种源内单株间存在丰富的遗传变异，但目前尚无选育出良种供生产应用。在营建珍贵树种林时需选择干形通直、生长优势明显的单株采种育苗。

立地选择 黄檀为阳性喜光性树种，海拔800米以下的山区、丘陵均可造林，酸性、中性或石灰性土壤都能生长，忌盐碱地。但培育高品质珍贵用材林宜选土层深厚肥沃、排水良好的阳坡或半阳坡。

栽培模式 黄檀人工林宜采用混交造林模式，可大块状、行间混交方式。初植密度以每亩100株/亩为宜，混交比例按黄檀：混交树种2∶1配置。依据立地条件的优良程度可选择浙江楠、闽楠、桢楠、赤皮青冈、青冈、苦槠等常绿种为混交树种。此外，黄檀可用于生态公益林改造、茶园套种等，以自然式配置20～30株/亩。

种苗规格 采用容器苗造林，2年生容器苗要求苗高超过60厘米、地径0.60厘米以上。

种植技术 山地造林需清理杂灌，带状、块状或穴状整地，种植穴规格为50厘米×50厘米×40厘米，施基肥（复合肥0.1～0.2千克/穴）。秋季落叶后至春季发叶前种植皆可，成活率可达95%，且当年高生长量可达20厘米以上。

抚育管理 造林后3～4年需加强抚育管理，每年2次割灌除草,一般在4—5月和10—11月进行,割除苗木周围50～80厘米内的杂草并及时松土。同时,在第1次抚育时增施复合肥或复合肥加尿素0.2～0.25千克/株,当林分郁闭度达0.9以上,或自然整枝约占树冠1/3时开始间伐,伐除生长不良的单株和部分混交树种。作为珍贵用材商品林经营的,可经间伐保留黄檀等珍贵树种50～60株以培育大径级木材,间伐的黄檀中小径材也可以高值化加工利用。

典型案例

温州市平阳县万全镇黄檀基地

十二、樱花

1 树种特性与应用价值

樱花（*Cerasus* sp.）属蔷薇科（Rosaceae）樱属（*Cerasus*）落叶乔木，为温带、亚热带乡土绿化树种。樱属植物全世界约有150种，我国樱属种质资源达50余种，因种质资源丰富、形态变异大、花色丰富，开发潜力巨大。目前收录品种有500多个，因其株型优美多似伞形、花色艳丽，被广泛应用于公园、学校、街道、庭院等绿地中，成为早春主要观赏花木之一。樱花对土壤的要求不严，宜在疏松肥沃、排水良好的砂质壤土生长，但不耐盐碱土；根系较浅，忌积水低洼地；有一定的耐寒和耐旱力，对烟及风抗力弱，不宜种植在有台风的沿海地带。花多为白色、粉红色，花常于2—3月先花后叶或（近）花叶同放，可分单瓣和（半）重瓣，单瓣类能开花结果，（半）重瓣大多不结果。樱花性喜阳光和温暖湿润的气候条件，可以在强光

樱　花

条件下良好生长,也可以在稀疏林下正常生长,成为浙江省生态修复和观景提升的首选树种。

② 栽培技术要点

品种选择 樱花适应性较强,应选用经审(认)定的樱花良种或本地乡土樱花树种,如'八重红枝垂''阳光樱''关山樱''嵊州早樱'。

立地选择 选择排水良好、土质肥沃、光照条件好的丘陵和宜林荒山荒地、采伐迹地或火烧迹地、松材线虫除治迹地、退耕还林地、低质人工林和次生林改培地等,以pH 5.5~6.5的红壤、黄壤和黄红壤等酸性土壤为宜。

栽培模式 可采用纯林,一般株行距(3~4)米×(4~5)米,也可块状或带状与其他树种混交。

①以常绿乔木树种作为背景树,搭配如竹、松、杉、柏等,衬托樱花的艳丽花色;与樱花花期一致的观赏乔木点缀、衬托景观,并衔接樱花花期,搭配如梅花、檫树、玉兰、紫荆、海棠、桃花、金枝国槐、红叶李等。

为了丰富植被层次或提高土地利用率,可增加灌木的比重。如红叶石楠、红花檵木、南天竹、女贞、黄杨、海桐等观叶灌木和茶梅、迎春、连翘、山茶花、杜鹃、月季、绣球花、木槿、紫薇等观花灌木及枸骨、北美洲冬青等观果灌木。

草本植物既可作为园林景观,也可作为所有植物配置的底色,在造景中有着十分重要的作用。常用草本植物有郁金香、二月兰、酢浆草、麦冬、早熟禾等。

②与经济作物的套种。如油菜、食用百合、贝母、菊花等。

③与果树的套种。随着生态休闲产业的发展,单一的赏花模式难以满足生产经营需要。可在兼顾景观和植物生长规律的同时,适量套种樱桃、李子、柿子、银杏、香榧、山核桃等果树。

④与茶树的套种。茶树作为背景色,可以较好地衬托樱花,而茶园套种樱花也大大提高了茶园的景观效果,有利于茶园休闲产业发展。福建永福茶园和云南无量山茶园便是"樱红茶园"的样板。

种苗规格 造林一般选用樱花良种1年生容器苗,于2—3月造林,而低质次生林改培和松材线虫除治迹地更新,宜用2～3年生大规格容器苗造林。

种植技术 山地造林前需清理杂灌,采用带状、块状或穴状清理,种植穴规格为40厘米×40厘米×30厘米(1年生容器苗造林)或50厘米×50厘米×40厘米(2～3年生大规格容器苗造林),种植穴内低外高,每穴撒施150～200克钙镁磷肥或有机肥250～300克作基肥,回填表土。

抚育管理

除草:除草要掌握"除早,除小,除了"原则,使用选择性除草剂灭草,应确保人员及苗木安全。造林后第1年和第2年,每年初春和梅雨季各抚育1次。宜可使用园艺地布防止杂草生长。

施肥：落叶期花芽孕育需要大量养分，宜每年秋天落叶后和晚春花后施肥，以有机肥为主；花后是樱花营养生长最旺盛时期，以过磷酸钙等速效化肥为主。

松土：花后松土十分重要，樱树的根系较浅，松土尽量选用多齿耙之类作业面积较小的工具，避免根系损伤，松土深度5~15厘米为宜。

修剪：主要在秋天落叶后和晚春花后进行，按照"由茎到梢，由内到外"的顺序，剪去枯枝、病虫枝、细弱枝、徒长枝、内膛枝、重叠枝等。若因树冠培养及机械损伤，需要对主枝干进行修剪，修剪后应涂抹石硫合剂、墨汁、桐油、伤口愈合剂等预防伤口感染，并促其愈合。

典型案例

宁波市海曙区龙观乡五龙潭茶业有限公司樱花基地

十三、栎树

1 树种特性与应用价值

栎树（*Quercus* L.）为壳斗科栎属常绿或落叶乔木，少数为灌木，约300种，广布于亚洲、非洲、欧洲、美洲。我国有51种，变种14种，变型1种；为重要林木之一，产木材、炭、染料、栓皮，可饲养柞蚕等。落叶或常绿乔木或灌木；叶具短柄。有锯齿或分裂，稀全缘；花单性同株或异株；雄花排成纤弱的葇荑花序；花被4～7裂；雄蕊4～6枚，稀更多；雌花少数而不明显，单生或数朵排成穗状花序，包藏于覆瓦状鳞片的腋内；花被6裂；子房3～5室，每室有胚珠2颗；果为具一种子的坚果，多少为木质、鳞片状的总苞（即壳斗）所包围；鳞片刺状或连接成若干个同心的环带。

中国林业科学院亚热带林业研究所自2002年起引种了北美栎树，以色彩艳丽而分靡全国。在此基础上，分别

栎 树

研究了北美栎树的引种适应性、栽培特性等,"十三五"期间开展课题进行研究,种质资源收集和评价,并进行杂交育种、扩繁技术等项目。目前已经拥有北美栎树的审定良种3个。

2 栽培技术要点

品种选择 栎树大多喜欢酸性土壤,适应性较强,应选用经审(认)定的栎树优良种源、优良家系和种子园良种造林。

造林地选择 平原地区河旁、湖旁、水库旁的湿润立地,或江河沙洲、荒滩,城镇的绿地、丘陵山脚的缓坡地也可栽种。土壤为冲积土、水稻土、潮土均可。

采用壮苗造林 选用2年生容器壮苗(基径1厘米以上、苗高50厘米以上,根系发达)培育。

栽种季节 1—2月,在树液流动和叶芽膨大之前栽种。

控制栽植密度 初植株行距宜2米×3米,7~8年后需要疏挖或疏伐1次,使密度减半,促进生长。景观生态林用大苗栽种,株行距4米×5米。

修剪整形和施肥管理 在疏挖的同时,对保留下的树苗进行修剪整形,根据栎属生长节律,每年分2次施肥,分别为5月和8月,施肥量逐年增加。

抚育管理 造林后第1年和第2年,每年于5—6月和9—10月各抚育1次。5—6月全面锄草、扩穴和培土,块状整地采用逐年扩穴连带,带状整地采用带间砍杂,带面松土除草,松土深度5~10厘米,培土高度为5~10厘米;9—10月全面锄草和劈除杂灌木。造林第3年后,可进行修枝,强度视情况可修枝1/4~1/3,以提高枝下高、促进优质高干材培育,每年7—8月全面劈草砍杂1次,直至林分郁闭。当林分郁闭度达0.9以上时,应按"伐劣留优、伐密留疏、伐小留大"的原则及时间伐。间伐强度不超过40%,保留林分郁闭度0.6~0.7。

病虫害防治　引种实践中,多数地点没有发生严重病虫害,但在2~3个地点发生了天牛危害,发生虫害的环境条件主要是栽种密度太大,林内不通风,加之附近同时栽种有复叶槭、杨树、柳树等易感天牛的树种。树龄多在3~4年生。只要注意保持林木稀疏通风透光,并在每年5月及时喷洒或注射杀虫制剂比如绿色危雷等,是可以控制的。主要害虫有象鼻虫(种子期)、蛴螬、尺蠖(啃食顶芽和嫩梢)以及云斑白条天牛、巨锯锹甲等蛀干蛀皮害虫(3~5年幼年期),苗期易发生鸟害。

台州市天台县平桥镇协和村栎树基地

十四、伯乐树

1 树种特性与应用价值

伯乐树（*Bretschneidera sinensis* Hemsl.）为伯乐树科（Bretschneideraceae）伯乐树属（*Bretschneidera*）落叶乔木，又名钟萼木，系我国特有的第三纪孑遗植物，属国家一级重点保护野生植物。其干形通直，材质优良，木材硬度适中，不翘裂，木材黄白色，具有结构纤细、易于加工、色纹美观等诸多优点，是优良的家具及工艺用材。伯乐树的大型粉红色花序和红色果实，格外引人注目，具有很高的观赏价值。伯乐树还是重要的药用植物，其根皮有祛风活血、驳骨消肿等功效；其嫩枝叶还是品质优良的珍稀山野菜。伯乐树潜在的综合利用价值还有待开发，前景广阔。

伯乐树

2 栽培技术要点

品种选择 伯乐树现有母树资源稀少，结实率低，尚无育成品种。营建高质量的珍贵用材林需选择生长健康的优良家系良种。

立地选择 伯乐树幼树耐阴，成年中性偏阳，为深根性树种，抗风力强，生长较快；稍能耐寒，但不耐高温。造林地以选择海拔200～800米、土壤肥沃、湿润、避风的阴坡山谷或山坡下部、溪旁坡地为宜；成土母质一般以流纹岩，凝灰岩为主体，土壤属红壤类中的酸性黄红壤，pH4.5～6.0，有机质4.8%或以上为好。1000米以上高海拔地区易受冻害，不宜造林。

栽培模式 适宜构建地带性人工植物群落或在城市绿化中与其他阔叶树种混交种植。可采用纯林、大块状混交、多行混交等造林模式，造林初植密度为株行距2.5米×3.0米（88株/亩左右）。补植造林的30株/亩。混交树种有杉木、樟楠类、楮栲类、杂交马褂木等针阔叶树种。

种苗规格 当年生苗高20～30厘米、根茎0.5～0.8厘米时可出圃造林。山地营建伯乐树珍贵用材林宜选择2年生容器苗，要求苗高超过80厘米、地径1.5厘米以上的优质苗；作为城市生态林用苗，宜选用4～5年生以上容器大苗造林。

种植技术 造林的最佳时期为早春雨后阴天，成活率可达85%以上。造林前先清除林地上的杂灌草，块状整地。种植穴规格为60厘米×60厘米×50厘米。栽植前最好放基肥和回填表土，穴周围1米的全部表层土都应填入穴里并打碎。栽植时，做到苗正、根舒、泥紧。伯乐树萌芽力强，需适当深栽，以控制根兜部分的不定芽，有利主干生长和增粗。

抚育管理 初次抚育时，结合中耕除草作业，培兜（对根兜进行培土覆盖）与扶苗同时进行，以提高幼林的生长速度和成活率；栽种后的前2年保证每年3次，第3~4年保证每年2次；伯乐树具有极强的分蘖性，在中耕除草时，必须进行除萌作业，修剪掉多余的萌条；第5年及其之后，除草或劈草1次即可，可在冬季适当修剪。伯乐树前期生长缓慢，20年后至50年胸径和材积生长都处于速生阶段，间伐期为30年，主伐期在55~60年。

余杭长乐林场伯乐树基地

十五、蓝果树

1 树种特性与应用价值

蓝果树（*Nyssa sinensis* Oliv.）属蓝果树科（Nyssaceae）蓝果树属（Nyssa）高大落叶乔木，分布于华东、华中和华南地区。其木材坚硬，淡黄色，结构细匀，材质轻软适中，变形小，不翘裂，木材切削容易，易胶粘，可作胶合板的原料，是制造家具、建筑物和室内装饰的优良用材。树干高大通直，树形美观，树冠宽阔，枝叶茂密，春叶红色，入秋后转为艳红紫色，是我国南方著名的秋色叶树种，在园林上常作观叶观果树种。

蓝果树

2 栽培技术要点

品种选择 蓝果树具有较强的适应性，不同种源和家系间的生长状况研究尚缺，营建高质量的蓝果树用材林时，建议选择当地生长健康的优良家系良种。

立地选择 蓝果树适宜在海拔300～1700米的山地造林，对林地的立地条件要求不甚严格，在微酸性、中性、弱碱性土地上均能良好生长，造林地要避免过于干燥瘠薄的土壤，宜选择在土层深厚、湿润的地段造林。

栽培模式 蓝果树在自然界多生于山谷、山坡，常与甜槠、青冈、青钱柳、江南油杉、冬青、杜英、楠木类等树种混生，处于上层林冠。营建高质量的珍贵用材林可与杉木等多树种进行块状混交和多行混交等造林，初植密度为株行距2.5米×3.0米（即89株/亩）。采用补植造林和低效林地改造等模式的栽植30株/亩。可与常绿阔叶树混植，作为上层骨干树种，构成林丛或用作庭荫树。

种苗规格 山地营建蓝果树珍贵用材林，需选择1年生容器苗高120厘米以上或2年生容器苗高200厘米以上、地径2.5厘米以上的优质苗进行造林；城市绿化宜选用规格土球生大苗。

种植技术 山地造林一般挖规格为60厘米×60厘米×50厘米的定植穴，栽植前施入饼肥、钙镁磷肥各1千克/穴。冬季或早春芽未萌动前为最佳种植时间，容器苗造林可适当推迟。绿化栽植，挖穴大小依苗木规格而定。

抚育管理 造林后，前3年每年除草松土2次，后两年可适当追施复合肥或有机肥。抚育时要注意修枝整形，培养干形，林分郁蔽后应适当间伐，先伐除混交树种，保留蓝果树30株/亩以培育中径材。

第三编　落叶阔叶树种

杭州市植物园蓝果树基地

十六、薄壳山核桃

1 树种特性与应用价值

薄壳山核桃（*Carya illinoënsis* K. Koch）为胡桃科（Juglandaceae）山核桃属（*Carya*）落叶速生大乔木。树高可超过50米，胸径1米以上。原产于美国南部和墨西哥北部，目前我国引种范围较广，北至北京，南达海南岛，以浙江、江苏、福建、安徽、江西、云南等地居多。薄壳山核桃木材颜色美观典雅，纹理变化丰富，材质坚韧致密，是制作家具和工艺雕刻的上等木材，属重要的珍贵用材与果用树种；实生树体高大挺直、优美，枝叶稠密，宜作庭荫树、行道树或风景树，是平原绿化与城镇园林的果用观赏树种。

薄壳山核桃

2 栽培技术要点

品种选择 薄壳山核桃现有品种均为果用品种，作为材用与观赏树种栽培尚无栽培品种。在营建珍贵用材林与绿化观赏栽培时可选择高生长优势明显的单株采种育苗,也可采用优良果用品种作为果用绿化观赏多功能林栽培。

立地选择　薄壳山核桃具有耐水湿特性,宜选土层深厚、土壤肥沃、疏松、水源充足、背风向阳的平地或丘陵缓坡地造林。不宜选择贫瘠或干燥立地环境栽培。作为园林绿化栽培,宜选择土层深厚、具有较好水分条件的中性或微酸性土壤。

栽培模式　作为珍贵材用林栽培,宜选用混交造林模式,初植密度167株/亩左右。可使用大块状、行间或株间混交,混交比例按1:1配置。混交树种依不同立地条件可配浙江楠、闽楠、江南油杉、红豆杉、赤皮青冈等常绿珍贵树种。在平原地区可营造小片纯林,造林密度100株/亩左右。

种苗规格　营建珍贵用材与果实兼用林应选择1年实生容器苗,要求苗高50厘米、地径1.0厘米以上;作为城镇园林绿化用苗,宜选用2年生以上容器苗,或米径5厘米以上的带土球苗木。

种植技术　山地造林需清理杂灌,带状或块状整地。一般种植穴规格为50厘米×50厘米×40厘米,施好基肥(复合肥0.2~0.25千克/穴或农家肥5~10千克/穴)。秋季落叶后到春季发叶前均可种植;作为绿化观赏树种栽培,挖穴大小依苗木规格而定,施足基肥,加强水肥管理。采用嫁接品种苗作为绿化栽培,需按果用林要求同时配置2~3个组合品种。

抚育管理 连续抚育3年,每年5—6月和8—9月割灌除草各1次,每年加施1次复合肥0.2~0.25千克/株,并根据需要加施P、K肥以促进结果。当林分郁闭度达0.8左右时可开始间伐。先伐除部分混交树种和生长不良的薄壳山核桃植株,疏伐保留薄壳山核桃等珍贵目标树种30~40株/亩培育大径材。四旁绿化栽培的及时整形修枝,形成高大树冠增加结实层与观赏价值。薄壳山核桃虫害较多,要注意防虫治虫,采用灯光诱杀以及放入益鸟、益蜂等生物防治,不宜喷施大量杀虫剂。

嘉兴市嘉善县姚庄镇薄壳山核桃基地

十七、浙江柿

❶ 树种特性与应用价值

浙江柿（*Diospyos glaucifolia* Metc）属柿树科（Ebenaceae）柿属（*Diospyros*）落叶乔木。系我国特有树种，天然分布于浙江、江西、江苏、安徽、湖南等地。垂直分布于海拔800米以下，多生于山谷、山谷溪流两旁土层深厚肥沃的酸性土壤，喜光，耐旱，耐寒。果实具有较高的营养价值，成熟时呈红色，药用，有消渴、去燥热功效；材质坚硬、色泽深、耐腐，韧性好、纹理细致，有浙江"乌木"之称，为高档家具的优良用材，属浙江省推荐的优良珍贵硬木用材树种。其树冠宽广、优美，荫蔽率大，也是庭园、道路绿化的优良观赏树种。

浙江柿

❷ 栽培技术要点

品种选择 浙江柿适应性较强，自然分布区较大，种内存在丰富的遗传变异,但现存种群的保存植株资源不多。目前尚无经审定的良种种苗。

立地选择 宜选择海拔800米以下,土层深厚肥沃的山谷、山谷溪流两旁,或坡度25度以下的林地,不宜选择贫瘠或风口的立地环境栽培。作为园林绿化栽培,切忌选择地下水位高(或积水)地段栽培。

栽培模式 作为珍贵用材林栽培,宜采用混交造林模式,行间混交、大块状混交种植均可。混交树种宜选择杉木、浙江楠、闽楠、浙江樟、赤皮青冈等常绿树种,初植密度167株/亩,其中栽植浙江柿70~80株/亩。园林栽培可以孤植,也可成行种植或与常绿树种混交种植。

种苗规格 采用种子播种培育地栽苗,冬、春均可播种,条播每亩6~8千克,1年生苗高60厘米,地径0.5厘米,每亩产苗2万~3万株。但生产上最好培育1年生轻基质容器苗,其苗高超过50厘米,地径0.6厘米以上。城镇园林绿化用苗,宜选用3年生以上容器大苗,或采用米径5厘米以上规格土球大苗。

种植技术 山地造林一般采用机械化大块状整地或带状整地,人工整地块状方式。种植穴规格为40厘米×40厘米×30厘米,栽植前施基肥(有机肥2~3千克/穴,或复合肥0.2~0.25千克/穴)。春季发芽前或晚秋至早冬均可种植,容器苗造林成活率可达95%以上,且当年高生长可达50~80厘米;作为绿化观赏树种栽培,挖穴大小依苗木规格而定,施足基肥，以落叶期移栽成活率高、管理方便。

抚育管理　种植当年9月进行一次割灌草抚育，以后连续两年，每年5—6月割灌草结合施肥抚育1次，9—10月再抚育1次。施肥以复合肥为主，也可复合肥加氮肥按1:2混合施，一般每株施肥0.2千克左右。当林分郁闭度达到0.8以上，林分内植株分化严重时即可进行间伐。间伐以伐去生长不良的植株及速生杉木等混交树种，最终保留浙江柿、楠木等常绿落叶珍贵树种60株/亩以培育大径级木材。

台州市仙居县福应街道浙江柿基地

十八、南酸枣

1 树种特性与应用价值

南酸枣 [*Choerospondias axillaris* (Roxb.) Burtt. et Hill] 为漆树科（Anacardiaceae）南酸枣属（*Choerospondias*）落叶阔叶高大乔木。分布于浙江、福建、湖北、湖南、广东、广西、云南和贵州等地，多在海拔1000米以下。生长快，木材结构略粗，心材宽，呈淡红褐色，边材狭，呈白色至浅红褐色，花纹美观，刨面光滑，是优良的家具、装饰和工艺品用材。果实甜酸，可生食、酿酒和加工酸枣糕。其早期速生，生物量大，为培养香菇等食用菌的主要原料树种。

南酸枣

2 栽培技术要点

品种选择 南酸枣在种源、家系间存在丰富变异。种源区划为以南亚热带种源为主的速生种源区，以亚热带中部种源为主的中速生长种源区和以中亚热带北部种源为主的生长相对较慢种源区。培育用材林时，应选择亚热带中南部的种源为好，如在浙江省采种，应以浙南种源为主，并选择在优良单株上采种。

立地选择 山地造林宜选择深厚肥沃而排水良好的红壤、黄红壤，不耐涝。宜海拔800米以下，以南坡中下部，以及山脚和山谷等土壤肥厚或较肥厚的宜林地为佳，不宜选择贫瘠的土壤造林。

栽培模式 作为珍贵、速生用材林栽培，可采用纯林、大块状混交、多行混交等造林模式，初植密度133株/亩左右（株行距2米×2.5米）；营造混交林时可选择的树种有杉木、松树等针叶树种以及枫香、木荷、光皮桦、椿树等阔叶树种，多行混交造林以与杉木混交为主。

种苗规格 营造用材林时以1年生裸根苗为主，苗木地径要求在1厘米以上，苗高1.5米以上。

种植技术 山地造林，种植穴规格为50厘米×50厘米×40厘米，可施基肥（钙镁磷肥0.2～0.3千克/穴），以春季2—3月造林为主。苗木随起随栽，不宜假植后再栽。栽植时把握"两回土、一提苗、两踩实、一培土"技术环节，并深栽5～10厘米。造用材林的初期适当密植，促其提早郁闭，抑制侧枝生长，促使主干直伸。造果用林的苗木要进行截干（南酸枣顶芽不饱满，如不截干造林，造林后不能形成主干），截干高度离基部30厘米左右，造林前要打泥浆。

抚育管理 每年除草2次(5—6月、9月),连续抚育3年。南酸枣分枝过低,可结合幼林抚育修枝抹芽,最好于秋末冬初修剪过低分枝,注意不能损伤树皮。对修枝伤口的萌芽应及时抹芽。根据林分密度生长情况、立地条件和培育目的确定间伐起始期、间伐强度以及保留株数,要求适时、适量、适法。混交造林时如以培育南酸枣为目的树种,在9～11年生时可间伐部分混交树种,如是营造的纯林,这时期也要间伐30%左右生长不良,被压或干形不佳的树,最后保留70～80株/亩培育大中径材,20～25年可采伐。

杭州市余杭区长乐林场南酸枣基地

十九、小果冬青

❶ 树种特性与应用价值

小果冬青（*Ilex micrococoa* Maxim.）为冬青科（Aquifoliaceae）冬青属（*Ilex*）落叶乔木。高达20米，树干通直，树姿雄伟，木材纹理直，结构细，材质轻软，刨面光滑，不易变形，可作农具、家具、建筑、火柴杆等用材，也是优良书写纸和印刷纸等造纸原料；其树皮可提取栲胶，还可作染料。小果冬青入冬后满枝红果，经久不落，艳丽夺目，是我国亚热带地区优良的速生用材和观赏树种。

小果冬青

❷ 栽培技术要点

品种选择 我国小果冬青虽然分布较广，但资源较少，营建高质量的小果冬青用材林时，应选择优良的家系良种。

立地选择 宜选择海拔500米以下，排水良好，光照充足，土壤深厚肥沃、酸性、中性和微碱性的向阳山坡、山脊和山谷两侧的林地造林，也可在海滨山坡林地上栽培。不宜在阴坡谷底和地下水位高（或积水）地段栽培。

栽培模式 作为用材林栽培，可采用纯林、块状混交、组团混交、多层结构混交等造林模式，混交造林可选择红楠、华东楠、杜英、青冈栎、米储、栲树、金钱松和杉木等常绿树种，小果冬青处于乔木层的最高层。纯林初植密度在1300株/公顷左右，混交林初植密度为4米×4米的株行距（625株/公顷）。

种苗规格 山地营建小果冬青用材林需选择1年生或2年生容器苗，1年生容器苗苗高60厘米、地径0.7厘米以上，2年生容器苗树高200厘米，地径2.0厘米以上为优质苗。

种植技术 造林前一般进行林地清理和小穴整地或带状整地，整地可根据立地条件一般带垦宽度1.2米，保留带1.2米，深垦20厘米条带，穴垦规格为50厘米×50厘米×40厘米，先在穴内施入过磷酸钙250克，并用少量的表土覆盖肥料，再将培植的苗木修去主根和部分过长的侧根，置于种植穴中间，培土压实，做到根系舒展，浇透定根水即可。带宿土裸根苗宜在3月上中旬造林，栽植时要"深栽、舒根、敲实"，容器苗可在3月、5—6月、10—12月造林，成活率可达95%，且当年高生长量可达100厘米以上。

抚育管理 造林后第2年春夏季结合中耕除草，每株（穴）追施复合肥25克；造林后连续3年，每年6月和9月均要进行幼林抚育。当林分郁闭度达0.8～0.9、自然整枝约占树冠的

1/3时开始间伐，伐除部分混交树种，保留小果冬青300株/公顷以培育高值大径材。

典型案例

台州市仙居县福应街道小果冬青基地

附表　浙江省省级林业保障性苗圃建设情况表

序号	所在市	所辖县（市、区）	林业保障性或社会化苗圃名称	主要经营苗木	建设面积/亩	年生产能力/万株	联系人	联系电话
1	杭州	临安	临安区天目山林场	楠木、银杏、金钱松等珍贵树种	200	400	饶盈	18067928073
2		建德	建德市欣林林木种苗服务中心	楠木、薄壳山核桃、榉树等珍贵树种以及杉木、木荷	200	150	钱勇忠	18868711766
3	温州	温州	浙江省亚热带作物研究所	楠木等珍贵树种以及木荷、小叶榕	83	1000	郑坚	13906632616
4		文成	国营文成县苗圃	楠木、红豆树等珍贵树种以及枫香	495	250	周小荣	13806613369
5	湖州	安吉	安吉种苗服务中心	楠木、金钱松等珍贵树种	200	200	郑春颖	13505827247
6	绍兴	上虞	上虞海发园林有限公司	弗吉尼亚栎等滨海树种	280	210	陈雨春	13905850765

续表

序号	所在市	所辖县（市、区）	林业保障性或社会化苗圃名称	主要经营苗木	建设面积/亩	年生产能力/万株	联系人	联系电话
7	金华	婺城	婺城区东方红林场	油茶、薄壳山核桃、木荷	70	200	洪友君	13806780296
8	金华	兰溪	兰溪市苗圃	楠木、红豆树等珍贵树种以及枫香、乌桕等	1460	200	范金根	13777540306
9	金华	江山	江山市林业种苗良种繁育推广中心	楠木、红豆树等珍贵树种以及油茶、枫香、木荷、乌桕等	270	300	温志军	13867008369
10	衢州	开化	开化县林场	楠木、红豆杉、光皮桦、柏木等珍贵树种以及枫香、黄山栾树、乌桕等	389.5	200	傅郁华	13506707306
11	衢州	龙游	龙游县林场	楠木等珍贵树种以及山樱花、枫香等	255	300	胡耀辉	13754308864
12	衢州	常山	常山县油科所	楠木等珍贵树种以及油茶	205	200	俞春莲	15268088258

续表

序号	所在市	所辖县（市、区）	林业保障性或社会化育苗圃名称	主要经营苗木	建设面积/亩	年生产能力/万株	联系人	联系电话
13	台州	台州	台州市普林林业有限公司	楠木、红豆树等珍贵树种以及枫香、木荷、乌桕等	540	200	徐世洋	13073899299 13905860291
14		临海	临海市林木种子苗木管理站	楠木、红豆树等珍贵树种以及枫香、木荷、乌桕等	260	350	李军	0576－85301378 13306580818
15	舟山	舟山	舟山市林业科学研究院	红楠、普陀樟等珍贵树种及枫香、乌桕	220	150	李定胜	13868208066
16	丽水	丽水莲都	丽水市处州林业珍贵树种苗有限公司	楠木、红豆杉等珍贵树种以及枫香、木荷、乌桕等	260	300	蓝子杰	0578－2057074 18657835889
17		龙泉	龙泉市林业科学研究院	楠木、红豆树等珍贵树种以及杉木、木荷	123.5	200	何必庭	13587177907
18		庆元	庆元县实验林场	楠木、红豆树、光皮桦等珍贵树种以及杉木、木荷、枫香等	300	500	张东北	0578－6121711 13867064286
19		云和	云和县农业综合开发有限公司	楠木、红豆树、木槲、榉树等珍贵树种以及枫香等	260	300	张大伟	13906783505

148